致力于绿色发展的城乡建设

城市体检：推动城市健康发展

全国市长研修学院系列培训教材编委会　编写

U0249369

中国建筑工业出版社

图书在版编目（CIP）数据

城市体检：推动城市健康发展／全国市长研修学院
系列培训教材编委会编写 . —北京：中国建筑工业出版
社，2022.5
（致力于绿色发展的城乡建设）
ISBN 978-7-112-26871-9

Ⅰ . ①城… Ⅱ . ①全… Ⅲ . ①城市环境 - 生态环境建
设 - 研究 - 中国 Ⅳ . ①X321.2

中国版本图书馆CIP数据核字（2021）第243802号

责任编辑：尚春明 咸大庆 郑淮兵 王晓迪
责任校对：芦欣甜

致力于绿色发展的城乡建设
城市体检：推动城市健康发展
全国市长研修学院系列培训教材编委会 编写

*

中国建筑工业出版社出版、发行（北京海淀三里河路9号）
各地新华书店、建筑书店经销
北京锋尚制版有限公司制版
北京富诚彩色印刷有限公司印刷

*

开本：787毫米×1092毫米 1/16 印张：9½ 字数：150千字
2022年5月第一版 2022年5月第一次印刷
定价：78.00元
ISBN 978-7-112-26871-9
（38645）

全国市长研修学院系列培训教材编委会

贯彻落实新发展理念
推动致力于绿色发展的城乡建设

习近平总书记高度重视生态文明建设和绿色发展，多次强调生态文明建设是关系中华民族永续发展的根本大计，我们要建设的现代化是人与自然和谐共生的现代化，要让良好生态环境成为人民生活的增长点、成为经济社会持续健康发展的支撑点、成为展现我国良好形象的发力点。生态环境问题归根结底是发展方式和生活方式问题，要从根本上解决生态环境问题，必须贯彻创新、协调、绿色、开放、共享的发展理念，加快形成节约资源和保护环境的空间格局、产业结构、生产方式、生活方式。推动形成绿色发展方式和生活方式是贯彻新发展理念的必然要求，是发展观的一场深刻革命。

中国古人早就认识到人与自然应当和谐共生，提出了"天人合一"的思想，强调人类要遵循自然规律，对自然要取之有度、用之有节。马克思指出"人是自然界的一部分"，恩格斯也强调"人本身是自然界的产物"。人类可以利用自然、改造自然，但归根结底是自然的一部分。无论从世界还是从中华民族的文明历史看，生态环境的变化直接影响文明的兴衰演替，我国古代一些地区也有过惨痛教训。我们必须继承和发展传统优秀文化的生态智慧，尊重自然，善待自然，实现中华民族的永续发展。

随着我国社会主要矛盾转化为人民日益增长的美好生活需要和不平衡不充分的发展之间的矛盾，人民群众对优美生态环境的需要已经成为这一矛盾的重要方面，广大人民群众热切期盼加快提高生态环境和人居环境质量。过去改革开放40年主要解决了"有没有"的问题，现在要着力解决"好不好"的问题；过去主要追求发展速度和规模，现在要更多地追求质量和效益；过去主要满足温饱等基本需要，现在要着力促进人的全面发展；过去发展方式重经济轻环境，现在要强调

"绿水青山就是金山银山"。我们要顺应新时代新形势新任务，积极回应人民群众所想、所盼、所急，坚持生态优先、绿色发展，满足人民日益增长的对美好生活的需要。

我们应该认识到，城乡建设是全面推动绿色发展的主要载体。城镇和乡村，是经济社会发展的物质空间，是人居环境的重要形态，是城乡生产和生活活动的空间载体。城乡建设不仅是物质空间建设活动，也是形成绿色发展方式和绿色生活方式的行动载体。当前我国城乡建设与实现"五位一体"总体布局的要求，存在着发展不平衡、不协调、不可持续等突出问题。一是整体性缺乏。城市规模扩张与产业发展不同步、与经济社会发展不协调、与资源环境承载力不适应；城市与乡村之间、城市与城市之间、城市与区域之间的发展协调性、共享性不足，城镇化质量不高。二是系统性不足。生态、生产、生活空间统筹不够，资源配置效率低下；城乡基础设施体系化程度低、效率不高，一些大城市"城市病"问题突出，严重制约了推动形成绿色发展方式和绿色生活方式。三是包容性不够。城乡建设"重物不重人"，忽视人与自然和谐共生、人与人和谐共进的关系，忽视城乡传统山水空间格局和历史文脉的保护与传承，城乡生态环境、人居环境、基础设施、公共服务等方面存在不少薄弱环节，不能适应人民群众对美好生活的需要，既制约了经济社会的可持续发展，又影响了人民群众安居乐业，人民群众的获得感、幸福感和安全感不够充实。因此，我们必须推动"致力于绿色发展的城乡建设"，建设美丽城镇和美丽乡村，支撑经济社会持续健康发展。

我们应该认识到，城乡建设是国民经济的重要组成部分，是全面推动绿色发展的重要战场。过去城乡建设工作重速度、轻质量，重规模、轻效益，重眼前、轻长远，形成了"大量建设、大量消耗、大量排放"的城乡建设方式。我国每年房屋新开工面积约 20 亿平方米，消耗的水泥、玻璃、钢材分别占全球总消耗量的 45%、40% 和 35%；建筑能源消费总量逐年上升，从 2000 年 2.88 亿吨标准煤，增长到 2017 年 9.6 亿吨标准煤，年均增长 7.4%，已占全国能源消费总量的 21%；北方地区集中采暖单位建筑面积实际能耗约 14.4 千克标准煤；每年产生的建筑垃圾已超过 20 亿吨，约占城市固体废弃物总量的 40%；城市机动车排放污染日趋严重，已成为我国空气污染的重要来源。此外，房地产业和建筑业增加值约占 GDP 的13.5%，产业链条长，上下游关联度高，对高能耗、高排放的钢铁、建材、石化、有色、化工等产业有重要影响。因此，推动"致力于绿色发展的城乡建设"，转变城乡建设方式，推广适于绿色发展的新技术新材料新标准，建立相适应的建设和监管体制机制，对促进城乡经济结构变化、促进绿色增长、全面推动形成绿色发展方式具有十分重要的作用。

时代是出卷人，我们是答卷人。面对新时代新形势新任务，尤其是发展观的深刻革命和发展方式的深刻转变，在城乡建设领域重点突破、率先变革，推动形成绿色发展方式和生活方式，是我们责无旁贷的历史使命。

推动"致力于绿色发展的城乡建设"，走高质量发展新路，应当坚持六条基本原则。一是坚持人与自然和谐共生原则。尊重自然、顺应自然、保护自然，建设人与自然和谐共生的生命共同体。二是坚持整体与系统原则。统筹城镇和乡村建设，统筹规划、建设、管理三大环节，统筹地上、地下空间建设，不断提高城乡建设的整体性、系统性和生长性。三是坚持效率与均衡原则。提高城乡建设的资源、能源和生态效率，实现人口资源环境的均衡和经济社会生态效益的统一。四是坚持公平与包容原则。促进基础设施和基本公共服务的均等化，让建设成果更多更公平惠及全体人民，实现人与人的和谐发展。五是坚持传承与发展原则。在城乡建设中保护弘扬中华优秀传统文化，在继承中发展，彰显特色风貌，让居民望得见山、看得见水、记得住乡愁。六是坚持党的全面领导原则。把党的全面领导始终贯穿"致力于绿色发展的城乡建设"的各个领域和环节，为推动形成绿色发展方式和生活方式提供强大动力和坚强保障。

推动"致力于绿色发展的城乡建设"，关键在人。为帮助各级党委政府和城乡建设相关部门的工作人员深入学习领会习近平生态文明思想，更好地理解推动"致力于绿色发展的城乡建设"的初心和使命，我们组织专家编写了这套以"致力于绿色发展的城乡建设"为主题的教材。这套教材聚焦城乡建设的 12 个主要领域，分专题阐述了不同领域推动绿色发展的理念、方法和路径，以专业的视角、严谨的态度和科学的方法，从理论和实践两个维度阐述推动"致力于绿色发展的城乡建设"应当怎么看、怎么想、怎么干，力争系统地将绿色发展理念贯穿到城乡建设的各方面和全过程，既是一套干部学习培训教材，更是推动"致力于绿色发展的城乡建设"的顶层设计。

专题一：明日之绿色城市。面向新时代，满足人民日益增长的美好生活需要，建设人与自然和谐共生的生命共同体和人与人和谐相处的命运共同体，是推动致力于绿色发展的城市建设的根本目的。该专题剖析了"城市病"问题及其成因，指出原有城市开发建设模式不可持续、亟需转型，在继承、发展中国传统文化和西方人文思想追求美好城市的理论和实践基础上，提出建设明日之绿色城市的目标要求、理论框架和基本路径。

专题二：绿色增长与城乡建设。绿色增长是不以牺牲资源环境为代价的经济增长，是绿色发展的基础。该专题阐述了我国城乡建设转变粗放的发展方式、推动绿色增长的必要性和迫切性，介绍了促进绿色增长的城乡建设路径，并提出基于绿色增长的城市体检指标体系。

专题三：城市与自然生态。自然生态是城市的命脉所在。该专题着眼于如何构建和谐共生的城市与自然生态关系，详细分析了当代城市与自然关系面临的困境与挑战，系统阐述了建设与自然和谐共生的城市需要采取的理念、行动和策略。

专题四：区域与城市群竞争力。在全球化大背景下，提高我国城市的全球竞争力，要从区域与城市群层面入手。该专题着眼于增强区域与城市群的国际竞争力，分析了致力于绿色发展的区域与城市群特征，介绍了如何建设具有竞争力的区域与城市群，以及如何从绿色发展角度衡量和提高区域与城市群竞争力。

专题五：城乡协调发展与乡村建设。绿色发展是推动城乡协调发展的重要途径。该专题分析了我国城乡关系的巨变和乡村治理、发展面临的严峻挑战，指出要通过"三个三"（即促进一二三产业融合发展，统筹县城、中心镇、行政村三级公共服务设施布局，建立政府、社会、村民三方共建共治共享机制），推进以县域为基本单元就地城镇化，走中国特色新型城镇化道路。

专题六：**城市密度与强度**。城市密度与强度直接影响城市经济发展效益和人民生活的舒适度，是城市绿色发展的重要指标。该专题阐述了密度与强度的基本概念，分析了影响城市密度与强度的因素，结合案例提出了确定城市、街区和建筑群密度与强度的原则和方法。

专题七：**城乡基础设施效率与体系化**。基础设施是推动形成绿色发展方式和生活方式的重要基础和关键支撑。该专题阐述了基础设施生态效率、使用效率和运行效率的基本概念和评价方法，指出体系化是提升基础设施效率的重要方式，绿色、智能、协同、安全是基础设施体系化的基本要求。

专题八：**绿色建造与转型发展**。绿色建造是推动形成绿色发展方式的重要领域。该专题深入剖析了当前建造各个环节存在的突出问题，阐述了绿色建造的基本概念，分析了绿色建造和绿色发展的关系，介绍了如何大力开展绿色建造，以及如何推动绿色建造的实施原则和方法。

专题九：**城市文化与城市设计**。生态、文化和人是城市设计的关键要素。该专题聚焦提高公共空间品质、塑造美好人居环境，指出城市设计必须坚持尊重自然、顺应自然、保护自然，坚持以人民为中心，坚持以文化为导向，正确处理人和自然、人和文化、人和空间的关系。

专题十：**统筹规划与规划统筹**。科学规划是城乡绿色发展的前提和保障。该专题重点介绍了规划的定义和主要内容，指出规划既是目标，也是手段；既要注重结果，也要注重过程。提出要通过统筹规划构建"一张蓝图"，用规划统筹实施"一张蓝图"。

专题十一：**美好环境与幸福生活共同缔造**。美好环境与幸福生活共同缔造，是促进人与自然和谐相处、人与人和谐相处，构建共建共治共享的社会治理格局的重要工作载体。该专题阐述了在城乡人居环境建设和整治中开展"美好环境与幸福生活共同缔造"活动的基本原则和方式方法，指出"共同缔造"既是目的，也是手段；既是认识论，也是方法论。

专题十二：**政府调控与市场作用**。推动"致力于绿色发展的城乡建设"，必须处理好政府和市场的关系，以更好发挥政府作用，使市场在资源配置中起决定性作用。该专题分析了市场主体在"致力于绿色发展的城乡建设"中的关键角色和重要作用，强调政府要搭建服务和监管平台，激发市场活力，弥补市场失灵，推动城市转型、产业转型和社会转型。

绿色发展是理念，更是实践；需要坐而谋，更需起而行。我们必须坚持以习近平新时代中国特色社会主义思想为指导，坚持以人民为中心的发展思想，坚持和贯彻新发展理念，坚持生态优先、绿色发展的城乡高质量发展新路，推动"致力于绿色发展的城乡建设"，满足人民群众对美好环境与幸福生活的向往，促进经济社会持续健康发展，让中华大地天更蓝、山更绿、水更清、城乡更美丽。

王蒙徽

2019 年 4 月 16 日

前言

1　本书编写组：《〈中共中央关于制定国民经济和社会发展第十四个五年规划和二〇三五年远景目标的建议〉辅导读本》，人民出版社，2020，第340页。

改革开放以来，我国城市化进程波澜壮阔，创造了世界城市发展史上的伟大奇迹。2020年末我国城镇化率已超过60%，我国已经步入城镇化较快发展的中后期，城市发展进入城市更新的重要时期，由大规模增量建设转为存量提质改造和增量结构调整并重，从"有没有"转向"好不好"。[1]

从国际经验和城市发展规律看，这一时期城市发展面临许多新的问题和挑战，各类风险矛盾突出[1]。我国城市发展的矛盾和问题主要表现在开发建设模式粗放低效，城镇发展规模和布局不合理，城市人居环境日益恶化，历史文化遗产保护不力，城市规划建设管理缺乏统筹，城市公共服务设施和基础设施不匹配等方面。这些矛盾和问题也导致环境污染、人口拥挤、交通拥堵、垃圾围城、城市内涝等一系列"城市病"，制约了城市的进一步发展。

2015年中央城市工作会议提出，要坚持以人民为中心的思想，贯彻新发展理念，坚持"一个尊重，五个统筹"的原则，着力解决"城市病"等突出问题，建设和谐宜居、富有活力、各具特色的现代化城市。

进入新的历史时期，城市建设既是贯彻落实新发展理念的重要载体，又是构建新发展格局的重要支点。《中华人民共和国国民经济和社会发展第十四个五年规划和2035年远景目标纲要》明确提出"实施城市更新行动，推动城市空间结构优化和品质提升"。

住房和城乡建设部在全国范围内逐步推进"城市体检"工作，立足新发展阶段，贯彻新发展理念，构建新发展格局，牢固树立以人民为中心的发展思想，统筹发展与安全，以推动城市高质量发展为主题，以绿色低碳发展为路径，建设宜居、绿色、韧性、智慧、人文城市，统筹城市规划建设管理，推动实施城市更新行动，促进城市发展建设方式转型，努力建设没有"城市病"的城市。经过近两年的试点探索，我国已基本建立城市体检评估制度，先后在近60个城市开展城市体检工作，城市体检成为统筹城市规划建设管理、推动城市高质量发展的重要抓手。

经全国市长研修学院系列培训教材编委会同意，"致力于绿色发展的城乡建设"系列培训教材在原12个分册的基础上增加《城市体检：推动城市健康发展》分册。本分册结合地方开展城市体检工作实际需要，总结近年来理论研究和实践经验，提出城市体检工作的技术方法和实施方法。

全书共五章，第一章从新时期城市发展面临的矛盾和问题出发，解读城市体检工作开展的背景、内涵、意义和原则。第二章从技术层面阐述了"城市自体检＋第三方城市体检＋社会满意度调查"三位一体的城市体检工作体系，分别代表了主渠道、大数据、舆情三个方面的评价，力求全面、准确、真实地反映城市发展状况。第三章从实施层面介绍了城市体检工作的组织方式和制度建设。城市体检工作应遵循"政府主导、专家咨询、第三方技术支撑"的原则组织开展，通过城市体检评估信息平台保障体检成果的准确性、连续性和应用性。第四章结合近两年试点工作经验，从国家、省、市三个层面概要介绍了城市体检工作开展情况，进一步探讨了城市规划建设管理中存在的主要问题和对策建议。第五章通过案例的形式，介绍重庆、广州、武汉、成都、长沙、景德镇等开展城市体检工作的经验。

本书以推动城市高质量发展为目标，从城市体检理论延伸到技术方法和组织方式，辅以具体城市实践案例，旨在为城市管理者探索和构建城市体检评估工作制度，统筹城市规划建设管理，促进城市发展建设方式转型，建设没有"城市病"的城市提供参考。

目录

01

城市体检的背景与内涵

- 本章阐述了城市体检制度形成的背景以及中央对城市体检的政策要求，解读了城市体检的内涵、主要内容、工作意义、基本原则。城市体检遵循城市建设和发展的规律，坚持问题导向、目标导向和结果导向并举，监测城市规划和建设管理状态，以科学合理的技术方法来及时发现、预防和治理"城市病"，形成"一年一体检、五年一评估"的常态化工作机制，引导和推动城市健康、协调、可持续发展，挖掘城市发展优势，提升城市核心竞争力。

1.1　工作背景

1.1.1　从人的健康到城市健康

人是一个复杂的有机体，由各类复杂的系统构成，呼吸系统、消化系统、神经系统……每个系统既能独立运行，又要相互协调，才能支撑生命体健康发展。随着年龄增加，人罹患各种疾病的概率越来越高，体检是对人生命体征进行监测的有效工具。通过常态化的体检机制，可及时掌握人体各类系统和器官运行的状况，并建立"检查—治疗—保养"的路径，确保早发现、早治疗，维护生命健康。

城市跟人体状况十分类似。两者不仅在运行和治理方面有共同特征，而且相互影响。当城市发展到一定程度，尤其是工业革命中后期，各类城市问题接踵而至，甚至有些大大超出了人类对生存环境的驾驭能力，造成对城市健康乃至人的健康的重大影响。为此，为了使城市在有限的时间内向着良性方向发展，需要对其内在状态进行定期监测和分析。城市体检创新了城市治理的理念与方法，将城市与治理的关系生动形象地视同于生命体与治疗的关系，对生态系统、空间系统、交通系统、产业系统、支撑系统等城市功能构成要素的运行状况进行监测分析，评价城市健康状况，诊断存在的"城市病"，制定治理方案，以实现城市的健康"生长"（图1-1）。

针对城市体检，存在中医诊脉还是西医体检的区别。中医重在通过调理根源，达到根治的目的；西医重在关注体检指标高低，快速用药，实现药到病除的效果。"城市体检"更像是中西医结合疗法，通过西医的"城市体检"指标体系发现问题，通过中医的"城市现状研究"发现根源，达到标本兼治的最终目的。

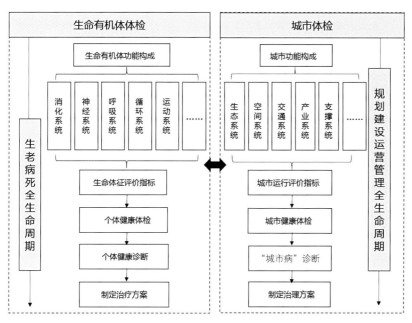

图 1-1　生命有机体与城市体检关系示意图

图片来源：长沙市城市人居环境局：《2019年度长沙市城市自体检报告》，长沙，2019

1.1.2　应对新时期城市建设要求和问题

改革开放以来，我国城市发展波澜壮阔，带动了整个社会经济发展，城市建设成为现代化发展的重要动力。当前我国城市发展已经进入新的发展时期，城市成为我国政治、经济、文化、社会活动的中心，在党和国家工作全局中具有举足轻重的地位，在我国经济社会发展、民生改善中发挥着重要作用。[1]

在这一新的历史时期，国家对城市发展建设的总体要求是：

坚持以人民为中心的发展思想，贯彻创新、协调、绿色、开放、共享的发展理念，转变城市发展方式，完善城市治理体系，提高城市治理能力，着力解决"城市病"等突出问题，不断提升城市环境质量、人民生活质量、城市竞争力，建设和谐宜居、富有活力、各具特色的现代化城市。[2]

1《中央城市工作会议在北京召开》，《城市规划》2016年第1期。

2 同上。

要立足国情，尊重自然、顺应自然、保护自然，改善城市生态环境，坚持人民城市为人民，着力提高城市发展持续性、宜居性。2015年中央城市工作会议提出："做好城市工作要顺应城市工作新形势、改革发展新要求、人民群众新期待，坚持'一个尊重、五个统筹'的原则。"[1]

"一个尊重"是指认识、尊重、顺应城市发展规律，端正城市发展指导思想。"五个统筹"是指城市与经济发展要相辅相成，人口规模与用地规模要匹配，城市规模要同资源环境承载能力相适应。一是统筹空间、规模、产业三大结构，二是统筹规划、建设、管理三大环节，三是统筹改革、科技、文化三大动力，四是统筹生产、生活、生态三大布局，五是统筹政府、社会、市民三大主体。[2]

但是，伴随城镇化高速发展，城市发展建设和运行管理中也积累了不少矛盾和问题，这给新时期城市发展和建设带来巨大挑战。

（1）开发建设模式粗放低效

一些城市"摊大饼"式扩张，过分追求宽马路、大广场，新城新区、开发区和工业园区占地过大。一些城市过度依赖土地出让和土地抵押收入推动城镇建设，加剧了土地粗放利用，也加大了地方政府性债务等财政金融风险。

（2）城镇规模和布局不合理，与资源环境承载能力不匹配

部分大城市中心城区人口压力大，与环境综合承载能力之间的矛盾突出；中小城市产业集聚度不够、人口流失严重，城市发展潜力不足；小城镇发展建设重心不突出、公共服务供给不足，这些都增加了城市社会经济发展和生态环境保护成本。[3]

（3）"城市病"问题日趋显现，城市人居环境日益恶化

一些大城市已经出现了不同程度的"城市病"，包括：空间无序开发、人口过度集聚，重经济增长、轻环境保护，重工程建设、轻管理服务，公共安全事件时有发生，城市污水和垃圾处理能力不足，大

气、噪声、水、土壤等环境污染加剧。

（4）历史文化遗产保护不力，城乡建设缺乏特色

一些城市漠视历史文化保护与传承，毁坏城市古迹和历史记忆。部分城市贪大求洋，盲目照搬照抄其他地区的设计方案，有的地方甚至通过建造低俗的丑怪建（构）筑物来渲染个性，城市景观结构与所处区域的自然地理特征不协调，"建设性"破坏不断蔓延，城市的自然和文化个性被破坏。

（5）城市规划建设管理缺乏统筹，城市治理水平有待提升

城市规划战略性、前瞻性和综合性不足，统筹协调和综合调控职能发挥不够。城市发展韧性不够，硬件方面主要是城市基础设施、公共服务设施、综合防灾和公共安全设施等承载能力不足；软件方面主要是大数据平台建设刚起步，信息采集、分析判断、决策等精准性有待提高，且城市管理政出多门、九龙治水，不利于形成合力、针对问题及时反应。

（6）城市基础设施和公共服务设施不能满足全体市民对美好生活的向往和需求

社区建设不能满足大规模片区开发模式的需要，距离完整社区建设还有很大差距，面对突发事件时问题暴露明显。尤其是为弱势群体提供的住房保障、教育、卫生、文化、体育和绿地休闲空间等基本公共服务质量不高，与"推进以人为核心的城镇化"的要求仍存在较大差距。

1.1.3 "十四五"时期城市更新行动的具体任务

党的十九届五中全会通过的《中共中央关于制定国民经济和社会发展第十四个五年规划和二〇三五年远景目标的建议》明确提出实施城市更新行动，这是以习近平同志为核心的党中央站在全面建设社会主义现代化国家、实现中华民族伟大复兴中国梦的战略高度，准确研判我国城市发展新形势，对进一步提升城市发展质量作出的重大决策部署。[1]

1 国家发展和改革委员会：《〈中华人民共和国国民经济和社会发展第十四个五年规划和2035年远景目标纲要〉辅导读本》，人民出版社，2021，第339-347页。

1　国家发展和改革委员会：《〈中华人民共和国经济和社会发展第十四个五年规划和 2035 年远景目标纲要〉辅导读本》，人民出版社，2021，第 339-347 页。

实施城市更新行动，推动城市结构调整优化和品质提升，转变城市开发建设方式，对全面提升城市发展质量、不断满足人民群众日益增长的美好生活需要、促进经济社会持续健康发展，具有重要而深远的意义。住房和城乡建设部党组书记、部长王蒙徽在《实施城市更新行动》[1] 中提出今后城市更新行动的八大目标任务。

（1）完善城市空间结构

健全城镇体系，构建以中心城市、都市圈、城市群为主体，大中小城市和小城镇协调发展的城镇格局，落实重大区域发展战略，促进国土空间均衡开发。建立健全区域与城市群发展协调机制，充分发挥各城市比较优势，促进城市分工协作。推进区域重大基础设施和公共服务设施共建共享，建立功能完善、衔接紧密的城市群综合立体交通等现代设施网络体系，提高城市群综合承载能力。

（2）实施城市生态修复和功能完善工程

坚持以资源环境承载能力为刚性约束条件，以建设美好人居环境为目标，合理确定城市规模、人口密度，优化城市布局。建立连续完整的生态基础设施标准和政策体系，完善城市生态系统，加强绿色生态网络建设。补足城市基础设施短板，加强各类生活服务设施建设，增加公共活动空间，推动发展城市新业态，完善和提升城市功能。

（3）强化历史文化保护，塑造城市风貌

建立城市历史文化保护与传承体系，加大历史文化名胜名城名镇名村保护力度，保护具有历史文化价值的街区、建筑及其影响地段的传统格局和风貌，推进历史文化遗产活化利用，不拆除历史建筑、不拆真遗存、不建假古董。全面开展城市设计工作，加强建筑设计管理，优化城市空间和建筑布局，加强新建高层建筑管控，治理"贪大、媚洋、求怪"的建筑乱象，塑造城市时代特色风貌。

（4）加强居住社区建设

居住社区是城市居民生活和城市治理的基本单元，要以安全健康、设施完善、管理有序为目标，把居住社区建设成为满足人民群众日常生活需求的完整单元。开展完整居住社区设施补短板行动。推动物业服务企业大力发展线上线下社区服务业。建立党委领导、政府组织、业主参与、企业服务的居住社区治理机制，推动城市管理进社区，提高物业管理覆盖率。开展美好环境与幸福生活共同缔造活动，发动群众共建共治共享美好家园。

（5）推进新型城市基础设施建设

加快推进基于信息化、数字化、智能化的新型城市基础设施建设和改造。加快推进城市信息模型（City Information Modeling，简称 CIM）平台建设，打造智慧城市的基础操作平台。实施智能化市政基础设施建设和改造，协同发展智慧城市与智能网联汽车。推进智慧社区建设。推动智能建造与建筑工业化协同发展，建设建筑产业互联网，推广钢结构装配式等新型建造方式，加快发展"中国建造"。

（6）加强城镇老旧小区改造

城镇老旧小区改造是重大的民生工程和发展工程。要进一步摸清底数，合理确定改造内容，科学编制改造规划和年度改造计划，有序组织实施，力争到"十四五"期末基本完成 2000 年前建成的需改造城镇老旧小区改造任务。不断健全统筹协调、居民参与、项目推进、长效管理等机制，建立改造资金政府与居民、社会力量合理共担机制，确保改造工作顺利进行。

（7）增强城市防洪排涝能力

坚持系统思维、整体推进、综合治理，争取"十四五"期末城市内涝治理取得明显成效。统筹区域流域生态环境治理和城市建设，将山水林田湖草生态保护修复和城市开发建设有机结合，提升自然蓄水排水能力。统筹城市水资源利用和防灾减灾，系统化全域推进海绵城市建设。统筹城市防洪和排涝工作，加快建设和完善城市防洪排涝设施体系。

（8）推进以县城为重要载体的城镇化建设

县城是县域经济社会发展的中心和城乡统筹发展的关键节点。实施强县工程，加强县城基础设施和公共服务设施建设，改善县城人居环境，更好吸纳农业转移人口。建立健全以县为单元统筹城乡的发展体系、服务体系、治理体系，促进一二三产业融合发展，统筹布局县城、中心镇、行政村基础设施和公共服务设施，建立政府、社会、村民共建共治共享机制。

1.2 城市体检的内涵与主要内容

城市体检以坚持"政府牵头、目标引领、专家指导、部门合作、技术支撑"为工作原则，落实以人民为中心的发展思想，围绕健康安全的目标统筹城市规划建设和管理，推动实施城市更新行动，促进形成高质量的城市人居环境。

在工作内容上，主要是通过建立指标体系，运用统计、大数据分析和社会满意度调查等方法采集和分析城市相关信息，对城市人居环境状态、城市规划建设管理工作成效等进行评估、监测和反馈，把握城市发展状态，发现"城市病"，督促开展城市治理的活动。由此城市体检工作形成了"五个环节、八类指标"的工作内容。

1.2.1 工作组织五个环节

（1）城市发展状态监测和基础信息管理

主要通过建立系统完善的城市运行状态监测机制，建设城市发展建设运行状态信息平台，实时掌控城市规划建设管理的运行状态，为城市体检工作提供基本的数据和信息基础。

（2）城市体检指标体系设计和数据采集分析

主要工作是结合城市体检工作的内容、任务和目标要求，设计城市体检评估指标体系，充分利用城市各类统计数据、城市大数据和实时监测调查结果，同步开展全社会的满意度调查，分析计算城市各项体检指标的取值，为城市发展状态评估诊断工作提供基础依据。

（3）城市体检评估标准的设定与指标诊断

针对城市体检工作要评估诊断的每一项指标，综合考虑国家和地方制定的标准规范，城市自身的发展目标、历史发展状态和水平，对标的国际、国内城市发展水平，以及市民的意见等因素，提出对体检指标进行适宜性评价的基本参照标准。依据形成的标准对城市各项体检指标逐一进行比较分析和综合评估，通过单项指标分析、多指标综合分析、城市间横向对比分析、年度纵向对比分析等方式，诊断城市规划建设管理的状态、水平和趋势。

（4）提出对城市规划建设管理的意见和建议，并向相关责任主体反馈

根据城市体检指标评估诊断结论，提出改进城市规划建设管理的具体意见和建议，并以各种切实有效的方式，反馈给政府、主管部门和社会公众，引导和推动城市治理水平提升，加强全社会对城市工作的关注、支持和参与。

（5）对城市体检建议落实成效的考核评估

针对城市体检反馈的意见和建议，定期评估考核落实成效，形成城市体检的完整工作闭环，以城市体检工作为抓手，推动城市实现规范化、制度化、常态化治理。

1.2.2　体检评估八类指标

经过 2019 年和 2020 年的探索分析，应对国家在新时期对城市发展建设的要求，结合国内外主要城市评价和考核的一些方法，城市体检在工作内容上明确了八类主要指标，并作为城市体检的一级指标。主要包括：

（1）生态宜居

生态宜居主要反映城市的大气、水、绿地等各类生态环境要素保护情况，城市开发强度和空间协调发展状况，城市绿色建设和居民综合服务便利水平，以及城市资源节约循环利用情况。

（2）健康舒适

健康舒适主要反映城市社区服务设施、社区管理、社区建设的基本情况。体检应重点关注城市住房、教育、医疗、养老、公共文化、体育等公共服务设施的充足、均等、便利程度，关注居民的住房、教育、医疗、养老、公共文化等用地供给和设施建设管理利用情况，以及便民服务网络的完善程度、各业态的质量等。

（3）安全韧性

安全韧性主要反映城市应对公共卫生事件、自然灾害、安全事故的风险防御水平和灾后快速恢复能力。指标主要是衡量城市居住环境的安全性和生态韧性，反映城市对极端天气与可能发生的自然灾害的抵抗能力，城市交通安全情况和社会治安情况。

（4）交通便捷

交通便捷主要反映城市交通系统整体水平，公共交通的通达性和便利性。指标主要是衡量城市交通的便捷性、公共交通的通达性和便利性，城市轨道建设、绿道建设和绿色出行情况。

（5）风貌特色

风貌特色主要反映城市风貌塑造、城市历史文化传承与创新情况。指标主要是衡量城市历史文化遗产的保护工作和城市文化旅游等相关情况。

（6）整洁有序

整洁有序主要反映城市市容环境和综合管理水平、城市生活垃圾回收利用情况以及城市生活污水集中收集率。

（7）多元包容

多元包容主要反映城市对老年人、残疾人、低收入人群、外来务工人员等不同人群的包容度。指标主要衡量城市不同年龄段、不同社会阶层人群享有社会公共服务设施的公平性。

（8）创新活力

创新活力主要反映城市创新能力和人口、产业活力等情况。关注内容涉及城市人口、经济、科技三大方面，主要用于衡量城市对青年劳动力、高素质人才、企业的吸引力度和对企业创新的培养力度，综合反映城市转型发展动力。

1.3　开展城市体检工作的意义

1.3.1　树立"全周期"意识，监测城市发展运行状态

　　城市作为复杂的巨系统，在规模从小到大、功能从简单到复杂、业态从单一到多元的发展演化过程中，整体与局部经常会不协调、不匹配，不同子系统之间也会发生冲突和矛盾，进而降低城市发展运行的品质和效率。只有长期跟踪、监测城市发展建设运行状态，及时发现冲突、矛盾和问题，及时掌握城市不同发展阶段的具体需求，城市规划建设管理才能有的放矢，保证决策的科学性、合理性，提高城市建设、运行和管理的针对性和实际成效。2020 年 3 月习近平总书记在考察武汉时强调，城市是生命体、有机体，要敬畏城市、善待城市，树立"全周期管理"意识，努力探索超大城市现代化治理新路子。

1.3.2　研判城市发展比较优势、核心竞争力和重大机遇

　　在城市发展进程中，通过开展系统全面的城市体检工作，可以及时研判国家、区域发展战略的重大转变，捕捉宏观政策给城市发展带来的机遇和挑战，挖掘城市自身的优势条件，为城市发展战略的制定和实施提供基础依据，为城市整体和相关行业规划的制定和实施提供方向指引。

1.3.3　及时发现和防治"城市病"，有效高效治理

　　通过常态化的城市体检工作，可以实现对各类"城市病"的早发现、早预防、早治理。城市体检工作的最大优势，是在"城市病"

出现的早期，就揭示"城市病"出现的苗头和倾向，及时向相关主管部门进行预警和建议，及早采取切实有效的对策和措施，防止事态扩大，从而大幅降低"城市病"治理的成本。

对于已经产生的"城市病"，通过城市体检工作，可以动态监测其发展演化倾向，评估相关治理措施的有效性，为相关主管部门改进应对策略和措施提供依据和指导。

1.3.4 统筹规划建设管理，提高城市工作的系统性、整体性

城市体检工作，是对城市健康状况进行长期、动态、系统、整体的监测和评估。

首先，城市体检工作覆盖城市规划建设管理的全链条，对城市发展建设决策、执行、监管和运行的全过程，长期持续进行常态化的监测和评估。

其次，城市体检工作既关注城市整体空间结构、功能、布局的合理性，也关注生态资源环境、基础设施、公共服务设施、城市安全设施等子系统的合理性。

再次，城市体检工作关注各个行业、各个部门的发展质量评估，关注城市级、区级、社区级和市民个体等各个层次的满意度评价，推动实现城市全周期、精细化、科学化治理，及时高效响应城市发展需求。

1.3.5　推动多元主体参与城市治理，实现城市共建、共治、共享

开展城市体检工作，为企业、社会团体和广大市民参与城市规划建设管理提供了直接的平台和渠道。城市体检是一个很重要的工作抓手，既可以广泛听取多元主体的意见，又可以检测有关部门、单位的工作绩效，起到督促作用。满意度调查的结果，为各级政府和部门改进工作提供了具体的、有针对性的依据，从而实现多元主体合作共治，共同把城市规划好、建设好、管理好，共享城市发展建设的成果。

1.3.6　精准引领城市更新改造和高质量发展

通过城市体检工作，可以精准识别城市规划建设管理中存在的问题和短板，并对问题产生的原因进行深入剖析，找到问题产生的根源，因病施策、对症下药，提高城市治理的针对性、有效性。尤其是在老城区更新改造过程中，城市体检工作发挥着龙头引领作用。

系统、全面、细致的城市体检结果，可以有效指导城市更新改造规划的制定，指导项目重点和时序的确定，优先保障市民迫切需求的民生工程，优先保障关乎城市整体运行效率和效益的系统性工程，优先保障城市高质量和长远可持续发展的生命线工程。

1.3.7　推进城市治理体系和治理能力现代化

通过城市体检工作，探索完善城市治理体系，完善城市基层民主制度，实现政府治理同社会调节、居民自治良性互动，建设人人有责、人人尽责、人人享有的城市治理共同体。推动城市治理重心向基层延伸，向基层放权赋能，加强社区治理和社会服务体系建设，构建

城市网格化管理、信息化支撑、精细化服务、开放共享的基层治理服务平台。[1]

1 《中共中央关于坚持和完善中国特色社会主义制度 推进国家治理体系和治理能力现代化若干重大问题的决定》，2019。

1.4 城市体检的工作原则

1.4.1 注重目标导向、问题导向、结果导向

城市体检工作首先要尊重城市发展的客观条件，遵循城市发展的客观规律，真实、准确地揭示城市规划建设运行和管理中存在的突出矛盾和关键问题。坚持目标导向、问题导向、结果导向并举，要站在解决问题的立场上重视细节、重视行动，避免在城市体检工作中报喜不报忧，或者只会批评却不提解决问题的思路和方法，力求使城市体检工作取得系统整体成效。

1.4.2 注重城市体检评价指标体系的科学性和导向性

制定城市体检指标体系要围绕党和政府的中心工作展开，在导向上强化贯彻新发展理念，突出群众关注的热点，在选项上重视信息数据的权威性和易获得性，以保证城市体检工作的可操作性。城市体检指标体系是开放型的，可结合体检客体的特殊条件和工作职责自主增加体检指标，使城市体检工作者更具主动性、发挥创造力。城市体检指标体系又要保持相对的稳定，以方便城市体检工作可以纵向回顾总结经验，有利于城市体检工作可持续地、滚动地发展。

1.4.3　注重城市体检的体制机制建设

2015 年 12 月召开的中央城市工作会议指出："做好城市工作，必须加强和改善党的领导，各级党委要充分认识城市工作的重要地位和作用，主要领导要亲自抓，建立健全党委统一领导、党政齐抓共管的城市工作格局。"工作效果取决于实施力度。体检城市要成立由市长担任组长的领导小组，形成职能部门统筹协调、多部门协同的工作机制。在城市体检工作中，有稳定的工作队伍是必要的条件。体检城市应由专职部门负责，明确任务和责任，主动开展工作。

1.4.4　注重自体检

城市工作的重点随时间和内外部条件的变化而变化，城市管理因层次而设定事权。这就决定了城市体检内容绝不可能一刀切。要在住房和城乡建设部关于城市体检整体安排的基础上，开展市级城市自体检，结合本地实际和城市特征，拓展体检的内容，补充完善城市体检指标体系。在市级体检工作的基础上，还可以根据城市治理的需求，开展区级、街道级体检，实现城市体检工作的多级协同，拓展工作成效。

1.4.5　注重对城市体检成果的运用

要以城市体检工作统筹城市规划建设管理各环节、各阶段，坚持事前预防、事中精细化治理、事后评估反馈。

面向规划决策环节，城市体检工作要强化对发展苗头和倾向的研判，强化对城市整体和各个领域、各个专业发展走势的预测，及时预警，并提出具体、切实、有效的意见和建议，提升决策的战略性、前瞻性、针对性。

　　面向建设实施环节，城市体检工作要强化城市整体与支撑系统之间、城市各类设施子系统之间、近期需要与长远需求之间的匹配性评价，及时提出优化项目建设重点和时序的对策和措施。

　　面向运行管理环节，城市体检工作要强化对城市系统运行效率、效益、便捷度、舒适度、幸福感的评价，揭示关键问题和主要矛盾，为城市治理水平的改进和提升提供有力的依据和指导。要重视城市信息平台建设，同步推动城市体检与智慧城市建设。

02

城市体检工作体系

● 本章以国内外相关理论和实践案例研究为基础，提出我国城市体检工作的模式与方法，建构适应我国城市发展、解决新时期城市问题的体检评估体系。

● 基于方法论和国际经验，结合 2019 年和 2020 年全国城市体检试点经验，提炼形成自体检、第三方体检、社会满意度调查"三位一体"的城市体检工作体系。按照城市体检工作流程，重点对城市自体检和第三方体检的指标体系设计，数据采集、整理、校核与分析、诊断以及体检结果评价与应用几个步骤——解读，深化对城市体检技术方法的理解和运用。

2.1 城市体检工作体系的形成

2.1.1 有关理论基础

面对复杂、动态且有机的城市系统，需要从过往的方法论中寻找对其进行认知与管理的理论基础，从而构建科学、完备且高效的技术体系，使城市体检工作者可以客观认知城市、正确查找病根并对症下药。

赫伯特·斯宾塞在《社会学原理》一书中提出了社会有机体论，把人类社会和国家视为生物有机体，按分析有机体的模式分析社会的结构与功能、运行与发展。借鉴该理论，可以把城市看作由市民构成而支撑国家运转的重要齿轮，城市管理者应针对不同规模和特征的城市设计出多维度且可升级进化的内在机制，借助可量化的方法客观评价城市，挖掘城市短板，以精细化治理推动社会的高质量发展。

诺伯特·维纳在《控制论——关于在动物和机器中控制和通信的科学》一书中提出了控制论，将控制定义为人根据自身的目的，通过模型化方法和统计方法，使事物沿着规划的特定方向发展。借鉴该理论，可以将城市体检工作视为实现城市自我管理和控制的重要抓手，通过对城市管理运行状况的量化分析，挖掘城市在生态环境保护、交通设施建设、公共服务供给等方面可能存在的短板，从而营造更美好的人居环境，推动城市高质量发展。

社会有机体论和控制论在城市方面的应用是非常清晰的，城市本身就是一个复杂的社会有机体，城市的规划建设和管理围绕不同时期的目标在发展，对城市必须在发展动力、路径和模式方面进行控制，以保证目标实现；这种控制是建立在长期、动态监测基础上的，根据全方位、多元的数据研判城市发展的趋势，并及时采取相应措施进行治理和修正，从而保障城市发展不偏航，发现城市短板，以精细化治理推动社会高质量发展。

2.1.2 国际经验借鉴

结合国际城市评价评估类的实践，选取了联合国可持续发展目标评估、联合国人居环境奖、全球竞争力指数、营商环境评估体系、城市韧性指数作为代表性案例，深挖其指标体系搭建思路及指标计算和评估方式，并进行总结归纳，为城市体检评估工作提供借鉴。

（1）联合国可持续发展目标评估体系

联合国可持续发展目标（sustainable development goals，简称 SDGs）旨在从 2015 年至 2030 年间以综合方式彻底解决社会、经济和环境三个维度的全球发展问题，转向可持续发展道路（图 2-1）。

图 2-1　可持续发展目标框架
图片来源：联合国可持续发展目标网站，https://www.un.org/sustainabledevelopment/zh/

联合国可持续发展目标评估的重要举措之一是利用统计和地理信息进行可持续发展进展评估监测。围绕三大问题设定 17 个大目标，每一个目标又由若干二级、三级指标进行评估，并且这个评估逐年进行，一直到计划实施的目标年。以目标 11 为例（图 2-2），下设 4 项

目标 11：使城市和人类住区具有包容性、安全性、复原力和可持续性

SDG	指标项	最佳值（分值=100）	绿色	黄色	橙色	红色	最坏值（分值=100）	中国国家层面指标值
11	颗粒物的年平均浓度小于直径2.5μm（PM₂.₅）	6.3	≤10	10 <x ≤17.5	17.5 <x ≤25	>25	87	**52.7**
11	改善的自来水水源（可使用的城市人口占比）	100	≥98	98 >x ≥86.5	86.5 >x ≥75	<75	6.1	90.0
11	对公共交通的满意度/%	82.6	≥72	72 >x ≥57.5	57.5 >x ≥43	<43	21	78.6
11	租金超负荷率/%	4.6	≤ 7	7 <x ≤12	12 <x ≤17	>17	25.6	无数据

图 2-2 联合国可持续发展目标举例

图片来源：联合国可持续发展目标网站，https://www.un.org/sustainabledevelopment/zh/

核心监测指标项，各个目标之间建立跨领域的联系，以便在城市地区统一实施和监测。此外，由于城市政策是由地方、地区、国家和国际不同级别的政府部署的，因此，需要强有力的多层级治理机制才能实现长期持续的监测。

指标框架并不是固定不变的，而是由各相关机构和专家小组、统计委员会和经济及社会理事会共同制定，并经常根据年度需要进行更新。截至 2020 年 3 月，共有 231 项三级的官方可持续发展目标指标用于监测 17 项联合国可持续发展目标和 169 项细分目标。

专栏：指标发展趋势研判

计算线性年增长率（年增长百分比），将其与最近一段时间（如 2016—2019 年）的年均增长率进行比较，特定指标上的进展用一个绿、黄、橙、红四箭头系统来描述（图 2-3）。高于年增长率的在绿色阈值区间内，为"运行正常"；橙色阈值区为"进展缓慢"；红色阈值区间为"有所倒退"或"恶化"。

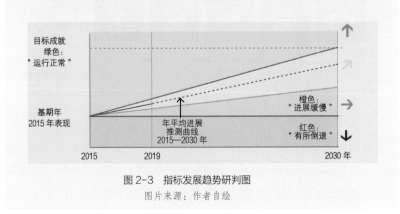

图 2-3 指标发展趋势研判图

图片来源：作者自绘

利用多年的数据，可以预测一个国家朝着可持续发展目标迈进的速度有多快，并确定——如果推算到未来——这个速度是否足以在2030年实现可持续发展目标。通过这种方式，一方面可以实时监测各项可持续发展指标的情况，另一方面可以很清晰地判断与目标实现之间的距离。

联合国可持续发展目标评估属于目标导向型，对城市体检有借鉴作用。一要建立城市发展的目标，并具有清晰完整的细分目标体系和问题治理导向；二要在总体目标不变的前提下，及时根据实际情况更新可持续发展目标的指标框架；三要建立强有力的多层次治理机构，并利用统计数据和地理信息进行可持续发展进展评估监测；四要持续监测和评估，通过多年积累的数据就可以找到各城市走向健康城市的路径。

（2）联合国人居环境奖

"联合国人居环境奖"贯彻"以人为中心"的核心思想，围绕可持续发展目标中的第十一条"保障城市人类居住环境安全稳定、多元包容、韧性发展与可持续"这一主题，层层分解，每年依据当前世界发展趋势，动态调整更新其评估体系，因此指标体系的构建尽可能多地涵盖人居环境的方方面面。2020年以"人人有房、创造更好的城市未来为主题"，设立10项分目标，分解成15项指标，综合衡量人类居住环境发展质量（表2-1）。

联合国人居环境奖评价内容　　表2-1

分目标及其内涵	指标
1. 到2030年，确保所有居民都能承担住房和相关基本服务的支出，并改善贫民窟	（1）在贫民窟、非正式居住区、基础设施不完备区居住人口占比
2. 到2030年，为所有人提供安全、可负担、无障碍和可持续的交通系统，改善道路安全，特别是提高公共交通可达性，重点关注弱势群体、妇女、儿童、残疾人和老年人的需求	（2）按性别、年龄和残疾人分类，衡量不同人群乘坐公共交通的便捷性

续表

分目标及其内涵	指标
3. 到 2030 年，加强包容性强和可持续的城市化进程，提高各国参与性、综合性和可持续的人类住区规划和管理能力	（3）土地消耗率与人口增长率之比
	（4）公民社会直接参与定期和民主运作的城市规划和管理决策的比例
4. 加强保护世界文化和自然遗产的力度	（5）用于文化和自然遗产保护利用的总人均支出，遗产保护利用范围包括多种遗产类型（文化遗产、自然遗产、混合遗产及世界遗产中心指定遗产），用于遗产保护的支出类型涉及政府资金、运营维护开支或投资等三方社会资金支持
5. 到 2030 年，大幅减少灾害造成的死亡人数和受影响人数，并大幅减少与全球国内生产总值相关的直接经济损失，重点是保护穷人和易受影响的人	（6）每 100 000 人中因灾害而死亡、失踪和直接受影响的人数
	（7）灾害造成的与全球国内生产总值有关的直接经济损失、对关键基础设施的影响和基本服务中断的次数
6. 到 2030 年，减少城市不利环境影响，尤其是注意空气质量和城市垃圾废物管理	（8）城市定期收集并最终排放的城市固体废物占城市固体废物总量的比例
	（9）城市细颗粒物（如 $PM_{2.5}$ 和 PM_{10}）年平均水平（以人口加权）
7. 到 2030 年，普及安全、包容和可达性高的绿色公共空间，特别是针对妇女和儿童、老年人和残疾人的绿色空间服务	（10）按性别、年龄和残疾人等划分的不同人群可达的城市公共空间的占比
	（11）过去 12 个月按性别、年龄、残疾状况等人群和发生地点分类的身体或性骚扰受害者的比例
8. 通过加强国家和区域发展规划，加强城市、城市边缘和农村地区之间的经济、社会和环境联系	（12）按城市规模，实施人口预测和资源需求相结合的城市和区域发展计划
9. 到 2020 年，面临大幅度增加的城市人口和居住区所带来的挑战，实施综合性政策与规划，以达到多元包容、高效有序的目标，减缓和适应气候变化，应对灾害；在规划制定和实施方面，依照《仙台风险灾害缓解框架（2015—2030）》，制定包含各级灾害风险管理方法的整体框架	（13）在国家层面制定与《仙台风险灾害缓解框架（2015—2030）》同等级别的防灾体系框架的国家数量
	（14）实施减少灾害风险战略的地方政府的比例

续表

分目标及其内涵	指标
10. 通过财政和技术援助等方式，支持最不发达国家利用当地材料建造可持续和韧性建筑	（15）向最不发达国家提供的财政资助的比例

资料来源：联合国人居署

采取三级评价体系：协调员初步评估证实符合指标中的各项标准—专家评审团共同审议拟出候选获奖者—联合国人居署最终选定获奖者。

全球人居领域最高规格奖项通过奖励的方式缓解由于人口增长所导致的拥挤、缺少适当住房、基础设施不足、贫民窟等居住环境问题。"联合国人居环境奖"有效推动了城市保障和居民服务，使国际社会和各国政府对人类住区的发展和解决人居领域的各种问题越来越重视。

"联合国人居环境奖"属于目标导向型和治理导向型，所建立的从目标到指标的评价体系和"初评—评审团审议—终评"三级评价工作模式值得城市体检评估工作借鉴。引入第三方学术专家团，采取多方面、多层级评价方式保障了评价的客观性和全面性。同时，该奖项通过奖励的方式推动相关问题的治理，建立了评价与治理之间的反馈机制，卓有成效。

（3）全球竞争力指数

全球竞争力指数由世界经济论坛[1]组织发布，其基于经济学研究，以评估城市竞争力为根本目标，依据"维度—支柱—子项—指标"的多层级总体思路搭建专门针对经济体竞争力水平的评估体系。指标同时包括统计数据计算类指标和问卷评分类指标（图2-4）。

1 又称达沃斯论坛。

在进行指标计算与评估的过程中，综合考虑全球各经济体发展阶

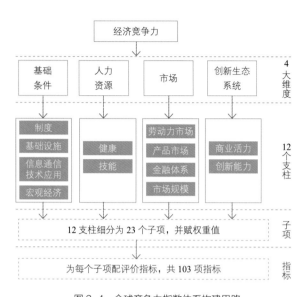

图 2-4　全球竞争力指数体系构建思路

图片来源：作者根据《全球竞争力报告》绘制

段参差不齐，每个因素对各类经济体的重要性不一，赋予各指标不同的权重，采用打分排名制度对每个指标表现进行评估。

世界经济论坛基于各经济体的全球竞争力得分每年发布一份《全球竞争力报告》，该报告是衡量全球各经济体社会生产力发展水平和经济发达程度的重要依据。《全球竞争力报告》不仅对世界 137 个经济体竞争力指数进行排名，还依据多年数据积累对全球经济发展趋势和动态做出研判与分析，如全球银行业稳健性、全球劳动力市场灵活性演变等。

全球竞争力指数更加强调目标导向。城市体检作为一项需长期开展的工作，应当借鉴《全球竞争力报告》的做法，在每年对城市发展情况进行评估的同时，采用排名的方式来直观反映各城市的健康状况，以督促各地进行治理。同时，城市体检多年累积的数据可以很好地对城市发展趋势做出研判，为城市确定未来的发展方向和制定目标提供基础支撑，同时引导未来政策和策略调整。

（4）城市韧性指数

城市韧性指数由洛克菲勒基金会发布，是基于"全球 100 个韧性城市"实践形成的专项类评估指标，旨在评估和监测城市韧性，是衡量城市本身相对表现的引导性指标（图 2-5）。在其构建指标体系之前首先制定了反思性、应急性、稳健性等 7 大指标筛选原则，为指标的制定与计算提供标准、指明方向。

针对指标设置 156 个问题分别进行定量测算和定性打分，以此评估每个指标表现，最后将评价结果分为五个等级，能够在了解城市当前表现的同时明确未来的韧性发展路径并给出相应策略建议。

借助城市韧性指数评估体系有效地为全球各个城市在发展过程中遇到的相似问题提供了经验和借鉴，并根据指标体系评价结果，在全球范围内选取试点，通过洛克菲勒基金投资为试点城市制定和实施

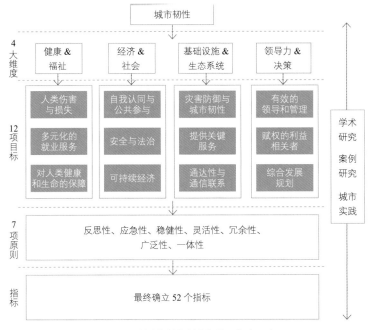

图 2-5　城市韧性指数指标体系构建思路
图片来源：作者自绘

韧性计划提供技术和资金支持，成功通过指标体系带动韧性城市实践落地。

城市韧性指数评估体系建立了一条目标到实施治理的路径，强调定性和定量相结合的数据分析方法，发现问题后及时给予资金支持进行治理，体现了评估体系在城市管理中的主动作为。在城市体检工作中也可在选取指标之前制定相关原则，协助选取特色指标，并形成定性、定量两方面的评估数据，在指标诊断评估过程中同时结合定性评价，形成综合指标评价结果。最终把结果反馈给相关责任主体进行治理，才是城市体检需要达到的核心目标。

（5）总结与启示

总体来说，目前国际上的监测评估体系均通过建立以城市要素为基础的多维度评价指标体系，描述并判断城市综合发展状况或专项发展状况，其评估指标体系的设计与具有特定价值导向的城市发展目标高度一致。技术方法上，通过建立评价目标到城市各类要素之间的对应关系，进而构建评价指标的层级框架及具体指标项，通过实践试验进行优化。一般具备以下特征：

- 目标导向清晰，多年进行持续监测评估。
- 针对目标和问题，建立目标—指标的分解体系。
- 定性与定量相结合，综合评判打分，并进行排名。
- 根据评估结果对治理进行反馈，包括奖励、投资等。
- 引入专业机构、行业专家等进行反复校核。

在评估指标体系构建的过程中，充分考虑不同评价对象在区位、规模、尺度、功能上的差异性；平衡评估指标稳定性与阶段性之间的关系；同时，建立完善的体制机制，保障周期性监测评估顺利开展，并有效应用评估结果。

2.1.3 建立"城市自体检 + 第三方城市体检 + 社会满意度调查"结合的工作体系

为深入开展城市体检工作,自 2019 年开始,住房和城乡建设部以国内外经验为基础,提出了"城市自体检 + 第三方城市体检 + 社会满意度调查"多维并检的工作体系,在工作组织上既是三管齐下,在工作过程中又能做到三位一体、相互校核。经过两年的试点实践,这一工作体系逐步稳定,并在全国推广。

(1)城市自体检

城市自体检是城市体检评估体系中的基本方式,一般由各城市政府组织,聘请相关技术团队以第一视角开展。城市自体检内容涉及政府多部门、多层次机构。主要工作包括建立符合城市发展要求的指标体系,组织政府相关职能部门收集、整理各类官方数据,并进行统计分析,判断城市在规划建设管理中的问题,制定城市治理的目标、策略和措施,并以制度来推动治理措施落地,实现城市健康发展、绿色发展的日标。

城市自体检要与国家和省的体检要求相结合,并针对城市发展的特点、优势和机遇制定有针对性的评估指标,加强与第三方体检和社会满意度调查的校核与联动,以确保数据和评估结果的科学性、准确性和实用性。

(2)第三方城市体检

第三方城市体检工作主体为住房和城乡建设部组织的相关科研机构,以第三方视角开展城市体检工作。具体来看,基于对人工智能、网络爬虫、地理信息系统、遥感、物联网等技术的应用,以社会大数据为核心,以政府统计数据为辅,搭建独立体系的数据自采集系统,并基于自采集数据分析和城市调研,完成城市体检报告。第三方城市体检主要完成全国城市体检整体评估、样本城市体检评估等工作,同时,逐步完善省—市—区—街道逐级的第三方城市体检传导,辅助实现城市体检的总体目标精细落地。

（3）社会满意度调查

1 张文忠、何炬、谌丽：《面向高质量发展的中国城市体检方法体系探讨》，《地理科学》2021年第1期。

"以人民为中心"是城市发展和建设的本质要求，社会满意度调查基于以人为本视角，通过获取城市居民对城市体检评估各领域的主观感知评价，来总结城市建设与居民社会需求的规律，与传统城市发展评估的客观单一视角互为补充。社会满意度评价工作建立了一套城市体检主观评价指标体系，通过问卷调查获取城市居民的城市满意度评价数据，为城市发展现状把脉。[1]

2.2 城市自体检技术方法

2.2.1 指标体系设计

（1）指标体系设计方法

以住房和城乡建设部每年发布的城市体检评估指标体系为基础，按照生态宜居、安全韧性、健康舒适、交通便捷、整洁有序、风貌特色、多元包容、创新活力等八大板块对城市发展状况展开评价。八大板块为一级指标，若干二级指标作为基础指标使用。基础指标每年会根据体检目的不同而有所变化，比如2020年围绕"防疫情补短板扩内需"设定了50项指标，2021年又进一步优化形成了65项指标。在此基础上，各城市可结合城市自身发展需求增加本地化特色指标，形成"基础体检指标+N"指标体系。

特色城市体检指标的筛选既要考虑与城市当地发展的实际情况和城市特色相结合，又要以现阶段城市发展中的目标和问题为导向，并遵循以下原则：

①科学性原则

科学的城市体检评估指标体系决定了体检评估结果的可靠性与科学性。数据来源、计算方法和计算结果均可追溯，每一步都记录翔实，能够经得起科学推敲。

②目的性原则

评价指标要真实地反映和体现城市体检评估目的，能准确描述体检对象系统的特征，要包括实现体检目的所需的内容。同时，评价指标在体现体检目的的基础上还应具有一定的导向性。[1]

③可操作性原则

评价指标应具有代表性、可采集性和可量化性，能较全面地反映城市某个领域的发展水平，并具有可靠的数据获取途径，类型上以客观指标为主、主观指标为辅，计算方法明晰，以定量指标为主，大部分指标可以矢量化，与建设空间建立关联。

④全面性与层次性相结合原则

在构建城市体检指标体系时应充分考虑城市发展的各个维度，保证城市体检工作的全面性与准确性。同时，每个指标要内涵清晰，不同指标要相互独立，同一层级的指标不相互交叉、不相互重叠、不相互矛盾、不互为因果，上下级指标之间保持自上而下的隶属关系。指标按照计算方法能够分解为各个子项，根据事权管理确定各填报部门，由填报部门进一步在空间上分解到各区、街道。

（2）城市自体检指标内涵的界定

按照 2021 年的城市体检指标体系设计，指标性质可分为底线型、导向型两类。

底线型指标属于底线约束类指标，主要指影响城市正常运行和基本生存保障，或关系到重大民生利益的指标，如空气、水质等环境质量指标，城市建设密度强度类指标，低碳减排类指标，基本公共安全

1 彭张林、张爱萍、王素凤、白羽：《综合评价指标体系的设计原则与构建流程》，《科研管理》2017 年第 S1 期。

类指标等。

导向型指标属于鼓励、引导型指标，主要指为提升城市竞争力、促进城市高质量发展而设定的指标，如交通出行类指标、公共服务类指标、城市管理类指标、城市包容度指标等。

以上两类指标各自有相应的释义和计算方法。依据住房和城乡建设部下发的标准，各城市在开展自体检的过程中，可依照自身情况对指标的内涵与计算方法进行适当调整。

一是结合自身城市发展的定位，对指标的内涵进行重新释义，如广州市将"城市各类管网普查建档率"指标的普查统计范围由建成区拓展为全市域，基于城市的发展状况提出更高的要求。

二是可根据指标数据的可获得性，重新界定指标数据的内涵与来源，如呼和浩特市在开展城市体检工作之前，针对各部门统计口径和资料获取的实际可操作性，将其中的 14 项指标通过指标定义替代、抽样调查替代、近似比例替代等方法进行程度不一的调整。

三是对于新增的特色指标，在论证其合理性和必要性后，需界定具体的指标含义、计算方法、指标数据来源与数据分析方法。

2.2.2　数据采集与整理

（1）多渠道采集

城市自体检工作由各城市的党委政府主导，具有公共管理属性。因此，数据采集应以政府部门数据为主，辅以满意度调查数据、大数据、相关研究数据等并相互校核，每个指标并不只限定一类数据采集渠道，推荐多源采集同时进行，为后期数据校核、补充完善奠定基础。

①政府部门数据

主要包括：统计数据，如统计年鉴、经济普查结果、人口普查结果、体育场地普查结果等；调查监测数据，如第三次全国国土调查数据、空气质量监测点数据、水质监测点数据等；政府部门业务数据，如核发建设工程规划许可证的用地分布和建筑面积、法人营业执照登记数量、机动车保有量等；以及政府部门工作总结、报告。此类数据可靠翔实、获取稳定、易溯源。

②满意度调查数据

主要包括试点城市社会满意度问卷调查数据、行业专项调查数据、抽样调查数据、访谈调查数据等。调查数据具有宏观性、趋势性等特点，针对性较强，市民的主观感受可以反映问题。

③大数据

主要为遥感卫星影像数据、网络开源大数据[1]（如大众点评网的餐饮业评分数据、在线地图兴趣点（point of interest，简称 POI）数据、出行云平台的交通山行大数据、地产中介网的租房信息等）、手机信令数据。大数据类型繁多、体量巨大、数据价值密度相对较低，须经过深度加工才能用于城市体检指标测算与校核。

④专业机构发布的研究数据

主要来自咨询公司、科研院所、高校等智库以及世界组织发布的专业研究报告，具有较高的准确性和参考价值。如百度地图联合清华大学等机构发布的《2020 年度中国城市交通报告》，包含多数城市的交通数据。

（2）多方式采集

指标数据质量是决定城市体检结论科学与否、能否诊治"城市病"以及诊断准确程度的关键因素之一，数据的采集方法关乎数据质量，因此，在采集之初就应预判指标结果需要达到的准确性与精细度，据此设计数据采集方法、流程，保证采集工作高效率、少反复、

1 指在互联网中公开的数据，含政府公开的经济统计数据、交通数据，法人公开的销售、管理数据，及大量互联网用户留下的行为、社交等数据。

易执行、可督促。

①政府职能部门分工填报

根据政府各职能部门的职责与权限，将指标计算公式的分子、分母数据填报任务逐一分解至掌握数据的政府职能部门（表2-2）。例如，"常住人口基本公共服务覆盖率"是一项复合型指标，其分子包括社保、医疗、教育、住房四大类基本公共服务覆盖的人口数，则该指标分子数据填报任务分解至这四类公共服务的主管部门。

广州市 2020 年城市自体检的社区信息填报表 表 2-2

序号	所在街道	社区名称	住宅小区数量/个	自然村数量/个	独栋住宅楼数量/栋	社区面积/km²	社区60岁或以上老人数量/人	社区常住人口/人	是否有便民超市	是否有综合肉菜市场	是否有快递站	是否有理发店	是否有洗衣店	是否有药店
			社区内住宅小区、自然村、独栋住宅楼数量											
1	黄花岗街道	菜寮社区	4	0	17	0.157	1061	3640	无	无	有	有	无	无
2	黄花岗街道	东环社区	—	—	—	0.9	1870	8500	有	无	有	有	无	无
3	黄花岗街道	科苑社区	144			14.5	3500	9726	有	无	有	有	无	有
4	黄花岗街道	空司社区	4	0	0	0.33	1130	6100	有	无	有	有	无	无
5	黄花岗街道	水荫南社区	4	0	0	0.4	2008	10083	有	无	有	有	无	无
6	黄花岗街道	水荫西	86	—	82	0.28	1598	6723	有	无	有	有	有	无
7	黄花岗街道	犀牛北社区	0	0	29	0.113	1450	8658	有	无	有	有	无	无
8	黄花岗街道	永福社区	14	0	132	0.537	2300	10644	无	无	有	有	有	有
9	黄花岗街道	永泰社区	1	—	—	0.2	981	3494	有	无	有	有	有	有
10	黄花岗街道	御龙社区	3			0.21	1416	8184	有	无	有	有	有	有
11	黄花岗街道	区庄社区	—			0.106	1020	5648	有	无	有	有	有	有
12	黄花岗街道	农村社区	49	0	8	0.11	1408	5042	有	无	有	有	有	无
13	黄花岗街道	执信社区	7			0.135	746	5598	有	无	有	有	有	有
14	黄花岗街道	云鹤社区	2			0.81	1905	9161	有	无	有	有	有	有
15	黄花岗街道	水荫	4			0.3	300	8000	有	有	有	有	有	有

资料来源：作者整理

数据填报时要考虑可获取数据的翔实情况、指标评估目的，明确数据的精细度，包括时间跨度和空间颗粒度。时间跨度分为年代—年—月—日，空间颗粒度一般分为市—区/县—街/镇—社区/小区—要素（建筑、设施、事项等）5级空间层次。有条件的城市，应做到数据的时间跨度尽可能长，空间颗粒度尽可能细，这样有助于提高指标分析和问题诊断的准确性。

可以制作分子、分母数据填报与相关资料反馈的标准化模板，模板写明所需数据及资料的内容和格式要求，实现数据采集工作标准化、快速化。以指标"社区便民服务设施覆盖率"为例，该指标是复合型指标，涉及社区便民超市、快递点、综合服务等多种设施，其标准化填报模板应详细列出所需摸查的每项设施类别及填报内容。

②通过城市体检评估信息平台收集

为形成低成本、可持续、有组织的采集方式，宜开发城市体检评估信息平台，与政务平台联通，并形成指标数据采集工作机制，未来定期发送更新数据任务至相关政府职能部门，达到城市体检及时预警的目的。

③通过线下调研摸查采集

对于社区、住区等微小空间尺度的设施配建数据，如政府部门尚不掌握，宜组织基层部门开展社区、住区摸查，以获得真实、可靠的基础数据。例如，沈阳市、太原市、广州市通过发动街道办、镇政府以及社区居委会开展社区公共服务设施调研工作，完成相关指标评估。

④通过信息技术在网络及大数据平台采集

对于已有专业平台运营的开源大数据（如网红店打卡、交通出行、购房及租房交易、灯光影像遥感等数据），可通过大众点评网、百度地图、高德地图、BigeMap、12306网站、链家网等开源大数据平台采集数据。

⑤通过专业机构获取

对于专业机构掌握的、不对外公开的数据，如甲级写字楼市场调研报告数据、移动手机信令数据，可以由政府出面与其协商提供。

（3）数据校核与整理

对于采集到的海量数据，首先要进行校核，以确保数据准确。校核方式可以多样化，例如，互校政府职能部门提供的数据和网络开源大数据，对比其他城市同一指标值，对比指标往年历史数据，等等。按照是否可以空间化将数据分为两大类，即矢量数据和非矢量数据。

应根据体检工作空间尺度要求，将矢量数据用于构建矢量数据底图，划分市—区、县—街道、乡镇—社区—住区尺度的边界，落点公共服务设施、内涝点、公园绿地等空间信息，并将非矢量数据按相应的空间尺度逐一匹配，包括每个街道的常住户籍人口、常住流动人口、青年人口等。

非矢量数据应先按照常规统计学方法整理为可直接用于指标测算的数据形式。推荐借助 GIS 软件进行建库，将矢量、非矢量数据进行空间上的关联。

2.2.3　数据评价、分析与诊断

指标数据分析决定指标诊断结果，对指标数据的分析要与城市体检评估工作目标相契合，明确结果导向、目标导向、问题导向并举的路子，形成清晰的评价结论，评价结论应显示出城市建设存在的问题和短板，引导城市向高质量的人居环境目标迈进。结合试点经验，按照指标分类、指标评价、综合分析、无量纲化计分四个步骤开展。

（1）指标分类

根据指标数值与评价目标值之间的相关关系，指标可分为基本指标、正向指标、负向指标和区间指标。

基本指标指的是仅描述现状特征，作为基本情况反映城市现状，但不具有直接评价意义的指标。正向指标指的是数值越高越好的指标。负向指标指的是数值越低越好的指标。区间指标指的是在一定区间范围内为适宜，而在该区间范围外为不适宜的指标。

（2）指标评价

城市体检的指标评价兼顾目标导向、问题导向与结果导向，坚持以下基本原则：

多维度原则。鉴于指标类型存在差异、评价目标复杂多样，而且既有标准体系存在一定缺失，因此，评价标准值的选择应采取多维度吸纳构建的方式。

差异性原则。应重视评价对象的差异性，采用分级分类的方式制定评价标准，以便在具有相似的地理区位、规模等级、经济社会发展阶段的城市间进行横向比较。

定量、定性相结合的原则。定量评价需与专项研究支撑、专家打分研讨等方法相结合，形成面向评价目标的综合判断。

具体指标评价标准数值（图2-6）的选取主要考虑两种类型：

针对底线型指标，选取法律法规、标准规范、规划设计中的刚性目标作为评价该项指标是否达标的依据；选取政策文件、规划设计中的预期性目标，以及评优体系中的要求作为评价该项指标是否达到优秀的依据。

针对导向型指标，往往不做是否达标的评价，而仅仅选取政策文件、规划设计中的预期性目标，以及评优体系的要求作为评价该项指标是否达到优秀的依据。

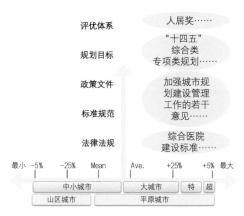

图 2-6 城市体检指标评价标准示意

图片来源：作者自绘

在相关依据缺失的情况下，可将评估对象的分位值、均值、拐点值等现状特征值作为评优依据。

专栏：广州六维指标分析法

广州采取六维指标分析法开展指标评价。"六维"是指标评价标尺的六个维度，具体包括国家及地方标准规范、国际标准、标杆城市指标、城市发展目标、历史数据、社会满意度调查。国家及地方标准提供了指标的基本达标水平，国际标准和标杆城市指标则对城市指标提出了更高要求，城市发展目标和历史数据反映城市治理发展的目标愿景及近年的成效，社会满意度调查直接反映市民对城市的认可程度。

指标评价标准的选择和参考方式受城市属性和特征的影响，因为部分指标结果与城市规模、城市道路密度、城市形态、经济发展水平等城市属性和特征强相关。例如，平均单程通勤时间、公共交通分担率与城市规模强相关，专业化物业管理水平、研发（research and development，简称 R&D）经费支出占比则与经济水平强相关。运用六维指标分析法，考虑城市属性和特征的影响，选择适用的指标评价标尺做参考，再结合指标类型，以国家政策、党中央精神、民生改善、城市高质量发展为决策原则，确定指标标准值、评优值，形成诊断标准。

（3）综合分析

科学分析城市问题，合理划分城市问题的类型，有助于对城市问题对症下药、精准施策，支撑城市高水平治理。城市问题根据影响程度的不同可分为轻微、中等、严重等类型；根据影响范围的不同，可分为全市性城市问题、局部性城市问题等；根据治理难度的不同，可分为高难度、中等难度、低难度等。鉴于城市问题的复杂性，一个指标不能完整反映情况，需要多指标综合考虑。

①区域尺度分析

一些城市问题、"城市病"具有典型的地域特征，按照城市体检工作"横向到边、纵向到底"的工作原则，对市级体检指标应在地域空间上进一步纵向分解和横向对比，分析"城市病"的空间分布，以易于进一步校核。

②结构组成分析

部分城市体检评价指标计算方式复杂，指标结果源于多个子项指标加权综合。对指标体系构成的子项进行分解有利于找到"城市病"根源，避免因评价指标整体结果优良而忽视了对子项指标异常的关注。

③流程环节分析

指标评价结果不仅反映了指标的现实状况，还可以通过分析指标背后的城市运行规律，进一步揭示"城市病"发生的过程与原因。

（4）无量纲化计分

在各指标结果计算完成后，视本市城市体检工作要求，对指标结果进行标准化处理，进一步得到各指标、各专项分数和指标综合评价分数，以达到横向比较、排名的目的。

专栏：试点城市无量纲化计分经验

济南市在2020年城市体检工作中，以优序对比法和专家调查权重法相结合敲定每个指标的权重。优序对比法通过将各城市体检因素两两对比，结合城市体检目标最后给出重要性次序或者优先次序；专家调查权重法根据德尔菲法的基本原理，选择各方面城市专家，通过专家独立填表选取权数的方式，将各个专家选取的权重数进行统计分析，形成5级11类权重体系；最后根据各指标对济南市的不同重要程度，对照该体系，确定各指标的权重。

南京市 2020 年城市体检工作对 8 大专项、54 项指标权重计算采用层次分析法，根据给定的方案重要性进行标度，通过指标的两两比较，对重要性赋予一定的数值，构建判断矩阵，得出 8 大专项、54 项指标的权重值；下一步，将 54 项指标数计算结果与相关标准、规划目标值等进行比较分析，得出指标结果的相应标准值，然后乘以各指标权重得到指标评价值；最后，将每个专项的指标评价值加和，得到 8 个专项评价值，再分别乘以每个专项的权重值，得到体检指标综合评价分数。

2.2.4　数据成果应用

经过大量数据分析和比较，城市自体检形成了对城市特色、城市发展面临的主要问题以及城市发展形势的研判，并将城市问题按照影响程度和治理难度进行了分类，这些结论一方面将作为针对城市各类数据监测的分析报告，另一方面将结合城市治理进行应用。主要应用领域包括：

将成果反馈给相关职能部门，由职能部门根据问题的层次提出有效的治理措施，并边检边治，小问题及早解决，大问题长远解决。

将成果中涉及城市普遍问题的事项纳入下一年度政府工作报告，并针对性提出下一年度工作计划，作为政府职能部门绩效考核的依据。

推动城市治理、城市升级、城市品质提升、人居环境提升等相关行动计划，设立专项资金和专门机构，用 3~5 年时间逐一治理体检事项，使城市各项建设在短期内产生质的变化。

重大问题纳入城市国民经济和社会发展五年规划，建立长效解决机制。

2.3 第三方城市体检技术方法

2.3.1 八大数据自采集机制建设

不同于城市自体检，第三方城市体检数据采集渠道主要以社会大数据为主，以政府统计数据为辅。同时，基于人工智能、网络爬虫、地理信息系统、遥感、物联网等技术应用，建立体检指标第三方数据采集系统。

（1）生态宜居类指标

生态宜居类指标主要反映城市各类生态环境要素保护情况，城市资源集约节约利用情况。指标算式子项较多与城市自然肌理数据相关，因此，第三方城市体检指标数据采集主要以遥感影像大数据为主，以政府公开信息为辅。

以指标"城市蓝绿空间占比"为例。通过分析处理卫星影像数据，得出体检城市市辖区水域、耕地、山体面积，并以此为分子，市辖区面积为分母，进行分析。

以指标"城市开发强度"为例。基于对城市建成区内高分辨率卫星影像数据的采集，通过计算机视觉卷积神经网络模型识别建成区建筑边界，并用随机森林算法测算出建筑物高度，由人工智能算法估算建成区建筑总面积，以此作为城市开发强度分析依据（图2-7）。

（2）健康舒适类指标

健康舒适类指标主要反映城市社区基本情况。指标数据较多与社区服务设施、社区管理、社区建设有关，因此，第三方城市体检指标数据采集主要以自采集社区POI数据、自采集社会调查数据为主，部分政府数据为辅。

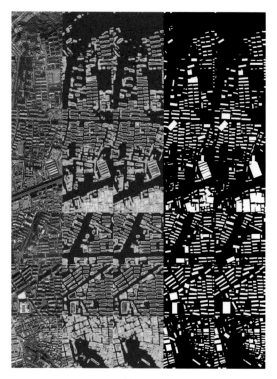

图 2-7　建筑边界识别过程

图片来源：作者自绘

　　以指标"社区便民服务设施覆盖率"为例。一方面，基于高德POI兴趣点数据，根据10分钟生活圈（500m服务半径）界定社区服务类别，对POI进行重新分类，计算社区服务中心、菜市场、公共厕所、图书馆、快递点、消防点等六类社区服务设施对建成区内居住用地的覆盖度。另一方面，还基于社区管理员问卷，对市辖区建成区周边范围建有生鲜超市（或菜市场）、便利店、快递点和药店等公共服务设施的小区数进行统计分析，以此将两者所得数据做相互校验。

（3）安全韧性类指标

　　安全韧性类指标主要反映城市应对自然灾害、安全事故、公共卫生事件的风险防御水平和灾后恢复能力。第三方城市体检指标数据采集主要由遥感数据以及社会调查自采集数据构成，并在数据处理分析中加入人工智能算法。

以指标"人均避难场所面积"为例。根据应急管理部 2019 年标准，基于卫星影像数据以及腾讯、百度兴趣面（area of interest，简称 AOI）数据，测算出体检城市建成区内公园、体育场、学校操场总面积，以此作为城市人均避难场所面积分析依据（图 2-8）。

（4）交通便捷类指标

交通便捷类指标主要反映城市交通系统整体水平，包括公共交通的通达性和便利性。第三方城市体检指标数据采集主要来自社会大数据，例如高德、联通智慧足迹、智库 2861 和社会调查数据等。

以指标"城市常住人口平均单程通勤时间"为例。第三方城市体检从居民满意度调研、智库 2861、百度、高德、联通智慧足迹等五方进行了数据采集，多源数据相互校核，有利于提高数据精度。

图 2-8　广州市越秀区避难场所分布示意图
图片来源：作者自绘

（5）风貌特色类指标

风貌特色类指标主要反映城市风貌塑造、城市历史文化保护传承与创新情况。第三方城市体检指标数据采集主要来自社会大数据、遥感影像历史数据。

以指标"城市历史文化街区保存完整率"为例。第三方城市体检数据采集用到了历史地图、卫星影像、建筑、街道、住宅区等五类数据。具体来看，一是结合各个城市民国地图，划定历史城区范围，确定历史城区边界；二是基于历史文化保护区保护规划编制方法，故居、文物古迹等POI分布，结合现状卫片、现状建筑数据（高度），挑选出历史城区内传统肌理区片、规划保护历史街区边界，以此确定历史文化街区边界，最终完成指标的分析计算。

（6）整洁有序类指标

整洁有序类指标主要反映城市市容环境和综合管理水平等情况。第三方城市体检数据采集主要来自社会大数据、社会调查数据、政府数据。

以指标"建成区公厕设置密度"为例。第三方城市体检数据采集结合住房和城乡建设部城市综合管理试评试测工作，对体检城市相关POI兴趣点数据进行采集，得到市辖区建成区内公厕数量与空间分布。

（7）多元包容类指标

多元包容类指标主要反映城市对残疾人、老年人、低收入群体、外来务工者等不同群体的包容度。第三方城市体检数据采集主要来自社会大数据以及社会调查数据。

以指标"城市居民最低生活保障标准占上年居民人均消费支出比例"为例。第三方城市体检数据采集主要基于社会大数据的空间分析算法，对相关数据进行收集、整理分析。

（8）创新活力类指标

创新活力类指标主要反映城市创新能力和人口、产业活力等情况。第三方城市体检数据采集主要来自社会多源大数据。

2.3.2　第三方城市体检结果分析方法

（1）第三方城市体检指标评价标准制定

第三方城市体检指标评价标准的制定，一方面，借鉴广州提出的六维指标分析法，在国家及地方标准规范、国际标准、标杆城市指标、城市发展目标、历史数据、社会满意度调查的基础上，形成指标评价基础标准；另一方面，由于第三方城市体检面向的是全国所有体检城市，基于聚类分析等方法，可以较好地开展体检城市横向对比数据挖掘，为制定不同层级标准提供了可行性。

因此，针对不同指标，第三方城市体检指标评价标准既有基于国家及地方标准规范、国际标准等制定的"通用型评价标准"，也有基于大数据挖掘工作制定的面向不同地理分区、经济分区、城市规模等的"定制型评价标准"。

（2）第三方城市体检"找病灶"

基于指标评价标准，结合各城市自体检结果，第三方城市体检通过组建相关专家智库，针对指标结果进行评价，为城市"找病灶"。具体方法有：针对体检单一指标的评价，基于体检八大目标的主题评价，基于城市承载力、吸引力、宜居性、安全性、包容性的主题评价，城市发展整体评价。

其中，主题性评价应着重关注体检八大目标之间及指标之间的关联性，通过合理联系，达到精准"找病灶"的目的。例如通过对比"建成区高峰时间平均机动车速度""城市常住人口平均单程通勤时间"

两个指标体检结果可以发现，部分城市建成区高峰时间平均机动车速度并不低，但是居民通勤时间较长，据此，可针对部分城市进一步分析职住平衡问题。

（3）第三方城市体检"析病因"

基于"找病灶"工作，城市发展中的问题将得以暴露，此时依托组建的相关专家智库，需进一步分析"城市病"形成的原因。

城市是复杂的巨系统，对于"析病因"工作，从宏观视角来看，要求体检工作者能将某个城市的发展置于国家大政方针环境中开展研究；从微观视角来看，也需要体检工作者具有对指标进行细颗粒尺度剖析的能力，做到从城市、区县、街道三个空间尺度诊断主要"城市病"及短板，剖析引起"城市病"的原因。

（4）第三方城市体检"开药方"

1 习近平：《国家中长期经济社会发展战略若干重大问题》，《求是》2020年第21期。

习近平总书记指出："城市发展不能只考虑规模经济效益，必须把生态和安全放在更加突出的位置，统筹城市布局的经济需要、生活需要、生态需要、安全需要。要坚持以人民为中心的发展思想，坚持从社会全面进步和人的全面发展出发，在生态文明思想和总体国家安全观指导下制定城市发展规划，打造宜居城市、韧性城市、智能城市，建立高质量的城市生态系统和安全系统。"[1]

第三方城市体检"开药方"工作，一方面，需要相关工作者紧密结合国家对城市发展的纲领性要求，以家国情怀的抱负开展工作；另一方面，还需要紧密结合各城市客观情况，依据不同城市的区位差异，社会、经济、历史发展背景，针对性提出对策建议。同时，城市体检对策建议应做到可实施、可量化、可评估。

2.4 社会满意度调查

城市体检评估的社会满意度调查是践行"人民城市人民建,人民城市为人民"理念的一项重要工作,围绕城市规划建设管理的八大方面,了解居民对城市人居环境建设成效的满意程度和居民的意愿,积极拓宽居民参与城市体检评估工作与意见反馈的渠道,充分反映居民参与城市精细化管理的愿望,建设人民满意的城市。

2.4.1 基本方法:全面而具体地量化居民直观感受

(1)调查内容:构建反映居民生活直观体验的指标体系

在构建城市体检评估社会满意度指标体系时,主要遵循两个原则。一是全面性与层次性相结合,评价体系的设计应当体现对居民城市生活各个维度的全面关切,还应体现不同指标组合的层次性,由宏观到微观层层深入。二是社会满意度调查评价内容应与客观评价指标体系对应,主观满意度是对客观环境建设情况的反映,而客观指标是提升主观满意度的现实抓手。

2020年城市体检中,社会满意度调查建立了一套包含8个一级指标和50个二级指标的城市人居环境主观评价指标体系(表2-3)。在具体设置上,从居民的主观视角出发,关注影响居民城市生活直观体验的要素。如生态宜居专项社会满意度调查中,城市公园绿地、亲水空间和公共开敞空间主要反映居民的设施需求,空气污染、水体污染和噪声污染主要反映影响居民生活体验的问题,城市建筑密度则反映居民生活的日常观感。

社会满意度调查评价体系设计（2020 年）　表 2-3

一级指标	二级指标	一级指标	二级指标
城市生态宜居	城市公园绿地建设	城市生活舒适性	城市体育场地
	城市亲水空间建设		城市综合医院
	城市公共开敞空间		城市大型购物中心等设施
	城市建筑密度		社区超市、便利店等日常便民购物设施
	空气污染		社区养老设施
	水体污染		社区普惠性幼儿园
	噪声污染		社区卫生服务中心
城市特色与风貌	城市山水风貌保护		社区道路、健身器材等基础设施维护水平
	历史街区保护		老旧小区改造水平
	历史建筑与传统民居的修复和利用		社区邻里关系
	城市标志性建筑	城市交通便捷性	步行环境
	城市景观美感		骑行环境
	城市文化特色塑造		公共交通出行
城市安全韧性	社会治安		道路通畅性
	道路交通安全		小汽车停车
	紧急避难场所		上下班路上花费时间
	消防安全	城市创新活力	城市工作机会
	传统商贸批发市场秩序		所在城市是否适合开公司、做生意
城市多元包容性	所在城市房价的可接受程度		城市开公司、办企业、做买卖的政策环境
	所在城市房租的可接受程度		人才引进政策
	城市对外来人口的友好性	城市管理（整洁有序）	小区垃圾分类水平
	城市对国际人士的友好性		小区物业管理
	城市对弱势群体的关爱性		道路和市容保洁水平
	城市最低生活保障水平		公共厕所设置及卫生状况
	城市社会保险保障水平		—
	城市无障碍设施		—

（2）样本选取：抽选结构合理且具有代表性的调查样本

满意度调查要保证受访者人群结构和空间分布合理且具有代表性。在人群结构上，一是要注重样本年龄结构合理性，尽量与本城市真实人口结构接近；二是要注重性别结构合理性，即尽量保持男女性别比例相当；三是要注重职业结构与收入情况合理性，尽量使样本涵盖政府工作人员、企事业单位、工人、个体经营者、待业者等各行各业人员以及城市中的高、中、低收入人群。

在空间分布上，为了保证主客观体检数据匹配，问卷调查范围应和该城市上报的城市体检范围一致，以城市化区域为主，并且样本在空间上的分布应当均衡，大致符合真实人口分布比例。

此外，调查还应选择具有代表性的调查样本。注重受访样本对本城市的了解和认知程度，选取 16 岁以上、对所居住城市环境有一定了解和认识的当地常住居民，不包括短期停留或旅游、务工不足半年的群体。

（3）评估方法：综合多样本主观评分实现城市系统的客观评价

城市居民的获得感、幸福感和满意度是衡量城市管理运行成效的核心标准。为了充分反映居民对城市生活的直观感受，满足居民的表达诉求，城市体检的社会满意度调查采用了五级量表法（表 2-4）和公众提案 / 开放题分析法。

采用五级量表法的社会满意度调查通过对调查结果进行赋值计算，确定每一位受访者对城市各方面的满意程度，总体社会满意度通过计算 8 项一级指标得分的平均值得出。8 项一级指标和 50 项二级指标对应的访问问题均为封闭式、5 级李克特（Likert）态度测量量表[1]、单项选择题。各选项原始计分原则是："很满意 / 很适合 / 很友好 / 不严重" 5 分，"满意 / 适合 / 友好 / 不太严重" 4 分，"一般" 3 分，"不满意 / 不适合 /

1 5 级李克特（Likert）态度测量量表：由美国社会心理学家李克特于 1932 年在原有的总加量表基础上改进而成，是评分加总式量表最常用的一种。这种量表由一组与某个主题相关的问题或陈述组成，通过计算量表中各题的总分，可以了解人们对某调查主题的综合态度或看法。

不友好 / 严重" 2 分，"很不满意 / 很不适合 / 很不友好 / 很严重" 1 分。
如果居民回答"不了解"，则该居民不计入计算该指标平均值的样本
量。各选项原始分值转换为百分制采用的计分方式参照表 2-4。

社会满意度调查五级量表法（2020 年）　　表 2-4

回答选项	赋值
很满意 / 很适合 / 很友好 / 不严重	100
满意 / 适合 / 友好 / 不太严重	80
一般	60
不满意 / 不适合 / 不友好 / 严重	40
很不满意 / 很不适合 / 很不友好 / 很严重	20
不了解	不计分（即不参与计算平均值）

此外，五级量表法强调基于调查目的和调查对象进行分级分类分
析。如在分析无障碍设施建设情况时，应对残疾人和其他居民的调查
结果分别进行分析；在分析养老服务设施时强调对 60 岁或以上老年
群体的受访答案进行分析；在分析体育场地等公共服务设施建设情况
时，强调对青少年、工作的中年人群和老年人进行分类分析，以判断
公共服务设施的全龄友好性（图 2-9）。

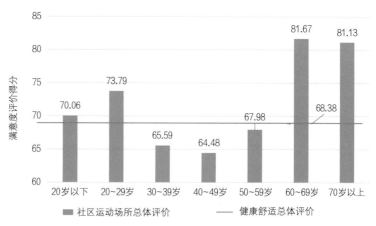

图 2-9　某市城市体检中不同年龄人群对社区运动场地评价情况示例

图片来源：作者自绘

公众提案/开放题分析方法包括词频分析法（图2-10）和举例法等。词频分析法可基于词云类软件进行关键词统计，确定居民关注重点，先对数据进行整合，把意思相近的答案归为一类，提取出关键词，把原始零散的答案转变为不同类别的数据，以方便深入分析。举例法指筛选公众提案来反映体检地点或设施的关键特征或问题，首先需要明确关注重点，如强调关注公共环境或设施的安全性问题，其次在公众提案/开放题中筛选观点鲜明、公正、客观的意见，作为某一类问题的具体体现，并在后续治理过程中予以关注。

图 2-10　某地区城市体检噪声污染词频分析示例

图片来源：广州市住房和城乡建设局，广州市城市规划勘测设计研究院：《广州市 2020 年城市自体检报告》，广州，2020

2.4.2　结果应用：交叉印证体检结论，提升问题定位精确程度

居住、工作在城市内的居民是城市管理运行状态的重要观察者。社会满意度调查可以辅助提升城市体检中问题定位的精确程度，使城市体检工作做到"从群众中来，到群众中去"。一是通过各指标居民满意度与自体检和第三方体检指标统计结果进行交叉对比分析，实现主观与客观数据的交叉印证，提升体检结论的科学性；二是深挖不同人群的满意度差异，重点关注低收入人群、残疾人、老年人等弱势群体的诉求；三是历史满意度情况对比分析，追溯变化原因，解析治理成效，研判未来趋势；四是各区县居民满意度对比分析，发现水平差异和问题短板，平衡治理资源。

2.4.3　操作方法：结合主流社交平台，分类设计调查问卷

城市体检社会满意度调查以"线上为主、线下为辅"的方式开展。其中，自上而下的社会满意度调查可通过开发微信小程序等方式建立问卷填写渠道，并编写社区现状、居民满意度和社区改善提案三类问卷（图 2-11 ~ 图 2-17）。

【社区现状问卷】（社区管理员针对本人所负责的**每个小区**，分别自行填报）　　**必须填写**

【居民满意度问卷】（社区管理员邀请居民填写评价，或者社区居民扫码自行填写）　　**必须填写**

【社区改善提案建议】
居民自愿填写
　工作组将**对提案建议数量全市排名靠前的街道进行重点分析**，向城市上级部门反映，建议列为政府近期行动建议，作为重点立项的参考依据。

图 2-11　自上而下社会满意度调查的三类问卷
图片来源：作者自绘

1.线上留言咨询

2.①您已完成填写【社区管理员问卷】
②您已成功邀请×位居民？其中有×位居民已完整填写【社区居民问卷】
③您已获得×元现金红包，活动结束后将直接发放至您的【微信钱包】

3.每位社区管理员按照实际小区数量，以小区为单位自行填写

4.使用指南

5.每位社区管理员至少邀请6位居民填写(邀请成功后社区管理员和居民有红包奖励)

图 2-12　社区管理员端口使用方法（进入方式）
图片来源：城市体检信息自采集平台

选择【社区管理员问卷】　　填写问卷，点击保存　　分享小程序卡片到居民或者　　点击【我的任务】，可查
　　　　　　　　　　　　　　　　　　　　　　　　居民群　　　　　　看已完成的任务和红包奖励
　　　　　　　　　　　　　　　　　　　　　　　　　　　　　　　　的金额

图 2-13　社区管理员端口使用方法（问卷填写流程）

图片来源：城市体检信息自采集平台

【进入方式一】

居民在社区微信群中，点击社区管理员
分享的小程序卡片，直接进入

1. 线上留言咨询

2. 居民填写问卷完成度100%后申请领取红包入口

3.【填写评价】居民满意度问卷

4. 使用指南

5.【发表建议】公众开放式提案

图 2-14　居民端口使用方法（进入方式一）

图片来源：城市体检信息自采集平台

图 2-15　居民端口使用方法（进入方式二）

图片来源：城市体检信息自采集平台

| 选择【填写评价】 | 点击确定，进入调研界面 | 填写问卷，点击保存 | 领取红包，等待审核 |

图 2-16　居民端口使用方法（问卷填写流程）

图片来源：城市体检信息自采集平台

图 2-17　居民端口使用方法（公众提案填写流程）

图片来源：城市体检信息自采集平台

2.4.4 工作组织方式：多渠道推广社会满意度调查

（1）构建分级工作机制，压实问卷调查职责

住房和城乡建设部统筹开展的社会满意度调查通过构建"城市负责人—区县负责人—街道负责人—社区居委会干部—居民"五级工作机制分派问卷，落实填报工作（图2-18）。城市负责人统筹部署全市工作、把控总体进度、媒体宣传；区县负责人统筹本辖区工作部署、指定各街道负责人、上报工作进度；街道负责人统筹本街道工作部署、下发宣贯材料、上报工作进度；社区居委会干部负责填写社区管理员问卷，邀请居民参与社会满意度调查，鼓励居民对社区改善提出提案建议；居民负责填写居民满意度问卷，参与发布提案建议（图2-19）。

（2）线下访问为辅，提升调查深度

各城市在完成线上问卷调查的基础上，还可结合实际，针对重点问题开展线下访问调查，与线上问卷调查互为补充。如南京市在开展2020年城市体检工作过程中，通过线下问卷调查、社区访谈、重点人

图2-18 工作组织框架

图片来源：作者自绘

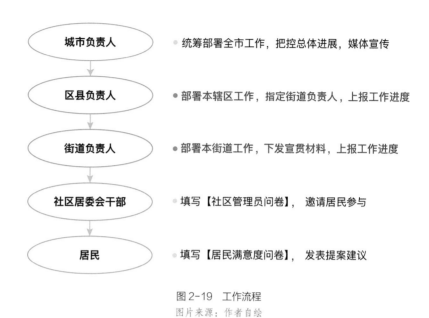

图 2-19 工作流程
图片来源：作者自绘

群访谈等多种方式，对线上问卷中的部分内容进行拓展，掌握人民群众的迫切需求；广州市则针对 2019 年城市体检发现的问题开展治理成效专项调查，强化城市体检工作的延续性，以持续推动"城市病"、城市问题改善。

（3）多渠道推广社会满意度调查，增强居民参与度

除了开展线下调查外，各城市可以结合自身的信息系统、网络平台、社交媒体等渠道推广社会满意度调查，调动居民参与城市治理的积极性。如上海依托"一网统管"平台，动员基层力量，以小区为单位发放调查问卷，对社区开展更为细致且综合的分析；太原在本地政务服务 APP、主流网络媒体上投放调查问卷，扩大调查范围；沈阳结合微信矩阵进行传播推广，同时加入游戏化的环节和奖励设置，引发公众讨论的针对性和活跃性，进而识别出有共性的问题。

（4）探索使样本具有延续性的社会满意度调查方式

城市体检是一项常态化的工作，但满意度调查每年所抽取的样本

都有一定差异，对城市生活评价的标准也会随之变化。因此，如何支撑居民满意度趋势分析，增强体检工作延续性，是构建社会满意度调查标准化技术体系的重要问题。各地对此都有些新的探索，比如广州创新性地提出了城市体检观察员制度，招募相对稳定的体检观察员，对城市的满意度进行年度体验，以增强满意度样本的稳定性和延续性。

03

城市体检工作组织实施

- 本章从实际操作的角度出发，介绍了城市体检工作的组织方式和制度建设，以及如何通过城市体检评估信息平台实现全流程的技术支撑，保障组织实施体系长效运行。

- 城市体检应遵循"政府牵头、目标引领、专家指导、部门合作、技术支撑"的原则组织开展，建立全方位、规范化的工作制度与应用机制，保障城市体检工作开展，并在城市治理中发挥重要作用。

- 城市体检评估信息平台是保障体检成果准确性、延续性和应用性的关键手段。按照建设"数字城市"和"智慧城市"的要求，建立统一收集、统一管理、统一报送的市级城市体检评估信息平台，逐步实现体检指标的自动提取、计算。城市体检评估信息平台作为城市规范化、长效化、常态化管理的重要抓手，是城市规划、建设、设计、管理等工作的综合统筹平台。

3.1 城市体检工作组织和制度保障

3.1.1 工作组织架构

城市体检，直观地讲，是预防和诊治"城市病"。预防和诊治"城市病"比较容易理解，但实际操作起来涉及方方面面，需要综合性解决方案和手段，需要因地制宜地设计目标与程序，需要政府与社会协作，需要政府工作人员、专家学者、专业技术机构共同参加完成。在城市自体检中，城市政府牵头负责、专家委员会专业指导至关重要。在城市第三方体检与满意度调查中，专业机构发挥了技术支撑作用。

（1）城市自体检

遵循"政府牵头、目标引领、专家指导、部门合作、技术支撑"的要求，各城市成立城市自体检工作组织领导机构和技术服务工作组，形成行政与技术相结合的工作组织方式，并聘请专家顾问给予指导，高效推进城市自体检工作。

城市自体检组织保障是市委、市政府，是抓好城市规划建设管理工作的重要手段。城市自体检工作领导小组统筹领导全市城市自体检工作，由政府及相关职能部门主要领导组成。城市自体检工作领导小组一般会下设办公室具体负责各项工作的推进，简称"城检办"。

在领导机构的组织领导下，实现市、区、街镇、社区四级联动，纵向到底，横向到边，全域覆盖（图3-1）。

（2）第三方体检和社会满意度调查

第三方体检和社会满意度调查离不开专业技术机构的技术与数据支撑。可委托第三方技术服务机构组建第三方体检和社会满意度调查技术服务工作组，统筹做好第三方体检和社会满意度调查各项技术服

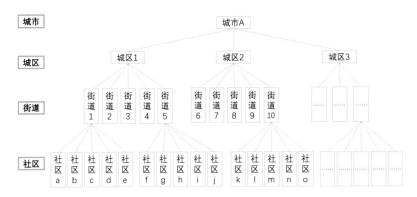

图 3-1 城市自体检市、区、街道、社区四级联动

图片来源：作者自绘，参考：张文忠、何炬、谌丽：《面向高质量发展的中国城市体检方法体系探讨》，《地理科学》2021 年第 1 期

专栏：专家委员会

城市自体检工作组织领导机构可聘请组织城乡规划、历史文化、生态环保、市政园林、综合交通、城市管理、产业经济等相关领域的权威专家建立城市自体检专家组，汇集各行业高级技术人才，建立城市自体检人才库。

城市自体检专家委员会主要负责：一是为城市自体检的政策制定、检测评估、长效机制建立等工作提供咨询指导；二是参与城市自体检咨询、论证、评估验收等工作，对自体检指标体系、自体检报告及相关成果体系进行论证把关；三是对"城市病"进行问诊把脉，精准分析"病灶、病根"，提出切实可行的治理对策和建议。

务。具体工作包括，将体检指标转换为以问卷调查为主要内容的调查形式，以获取居民对城市体检各领域的主观感知评价，并通过数据分析实现公众满意度情况可视化，形成标准化、规范化的成果体系，反馈给城市建设与城市治理系统。

3.1.2 制度设计

由于城市体检评估工作涉及的参与主体众多，包括各层级政府、专业技术单位与机构、普通民众等，因此需要建立全方位、规范化的工作制度与应用机制，保障城市体检工作开展，并在城市治理中发挥重要的作用。

（1）工作制度：构建层级传导的工作组织架构制度

首先应明确规范化的工作组织架构，即"省—市—区"级多层传导的城市体检工作制度；建立全流程全覆盖的信息系统，保障各主体的参与；加强公众参与力度与深度，建立常态化的公众参与。

以城市体检执行部门为核心，明确"省—市—区"级的信息传递原则与机制，保障指标数据自下而上传导、治理政策信息自上而下落实。省级层面主要关注市级结论的汇总与统筹分析，从省域层面把控城市体检工作统筹与监督、城市政策引导；市级层面则主要关注省级要求的落实与区级信息的衔接，从市域层面与城市发展相关规划政策紧密结合，明确核心发展问题，把控城市整体发展方向；区级层面重点核实指标数据的准确性并保证实施效果及时得以反馈（图3-2）。

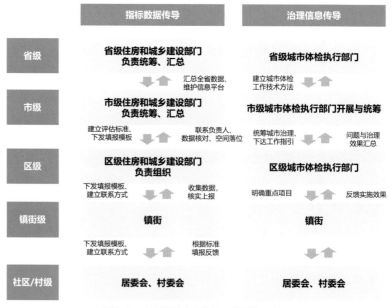

图3-2　各层级城市自体检工作重点示意图

图片来源：作者自绘

建立"指标牵头单位—城检办—工作领导小组"分级协调机制；建立信息通报制度，各指标牵头单位应定期向市城检办报送工作开展情况和存在问题；建立检查督办制度，市城检办定期组织现场督察，督促相关责任单位按时完成任务，并将城市体检工作向市委、市政府报告。

（2）应用制度

城市体检作为重要的城市治理手段，需要在评估分析的基础上，对城市发展与建设进行有针对性的干预与动态反馈，从而实现精准高效的治理。构建城市体检成果的检查与反馈应用制度，应重点关注五个方面：一是与规划编制结合，提升规划编制的科学性；二是结合城市治理，提高编制行动计划的指向性；三是结合年度建设计划，提升资源配置的合理性；四是与绩效考核结合，提升战略目标传导的有效性；五是与政策调控结合，提升规划的动态适应性。

①建立"一年一体检、五年一评估"的常态化长效机制

体现精细化、标准化、高质量的城市管理理念。同时通过开展城市体检试点工作，研究工作机制，用城市体检推动城市高质量发展，带动城市人居环境提升（图3-3）。

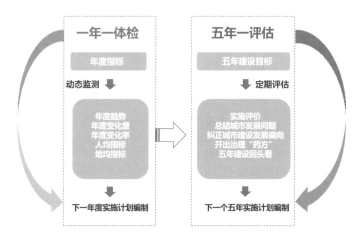

图3-3　城市体检评估常态化长效机制示意图

图片来源：南京市城乡建设委员会、南京市规划设计研究院有限责任公司：《2020年南京市城市体检自体检报告》，南京，2020

②建立反馈评估工作机制

反映"数据集成＋动态监测＋风险预警＋反馈优化"的全流程工作（图3-4）。以体检评估监测数据为基础，及时预警规划实施过程中城市建设与发展要素之间在互动性、匹配性、协调性方面出现的问题，挖掘问题背后从城市建设到城市治理的机理，提出解决方案，促进精准施策。

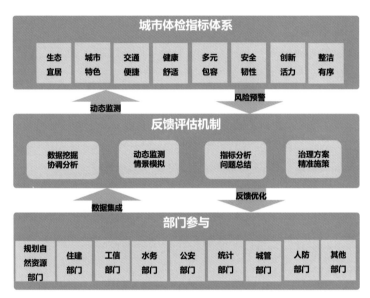

图3-4　城市体检反馈评估工作流程示意

图片来源：作者自绘

③建立常态化城市治理制度

城市体检成果经城市体检工作领导小组审定后，应提请同级政府常务会议审议，推动后续城市治理工作。一是公布治理实施方案，明确各项"城市病"、城市问题的责任分工、治理措施、时间计划等；二是与党委政府当年度工作相结合，推动边检边改、即检即改；三是与党委政府下一年度工作相结合，纳入政府工作报告及相关委、办、局工作计划；四是通过信息平台对治理成效进行监测评估，定期反馈督办。

应统筹做好城市体检后续的治理工作，定期跟进、督办治理措施落实情况，定期向同级人民代表大会汇报城市体检治理工作进展，并适时向社会公布，推动建立全社会共建共治共享的常态化工作机制。

3.2 城市体检评估信息平台

3.2.1 三级体检评估信息平台体系模式

城市体检评估信息平台体系采用国家—省—市分级建设、联动运行的模式，即分别建设国家级、省级和市级城市体检评估信息平台，且分别部署在住房和城乡建设部、各省住房和城乡建设厅及各市住房和城乡建设局/委（市政务云平台）。国家—省—市三级平台（图 3-5）之间通过政务网连通，各平台间的数据通过上报系统或标准 API 接口交互对接。

通过建设国家—省—市三级城市体检评估信息平台，构建纵向汇聚、上下联动的体系结构，实现数据采集、分析诊断、监测预警，提高城市体检数据支撑能力的系统化、全方位化。

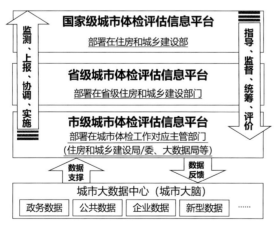

图 3-5　国家—省—市三级城市体检评估信息平台体系结构
图片来源：中国城市规划设计研究院等：《城市体检评估信息平台建设指南》（2021 年试行版），2021

65

3.2.2　国家城市体检评估信息平台

国家城市体检评估信息平台由住房和城乡建设部负责建设、部署和维护，服务于部级用户，需要满足部级用户汇聚各省、市自体检数据、第三方体检数据及其他综合数据的需求，以及在数据的基础上进行分析诊断、预警跟踪和综合评价的业务应用需求。

主要任务是以年度城市体检指标为基础，以全面掌握全国范围内城市建设所涉及的生态环境、人、地、房、设施、服务等各类要素基本信息为目标，逐步建立完善城市建设数字化管理基础平台，服务于全过程、各环节的城市精细化管理。在数字化平台的数据和信息基础上，掌握地方城市发展的整体现状特征，分析突出问题，判断变化趋势，为补短板扩内需等城市建设管理提供技术支撑。纵向与省、市平台联动，横向与国家部委逐步完善信息联动机制。

在建设内容上，国家平台纵向贯穿国家、省、市三级主体，横向联通城市自体检数据、第三方体检数据、居民满意度调查数据和城市大数据，通过设置数据采集、分析诊断、监测预警和系统管理四大功能，实现各项指标数据的质检、分析和评估，支撑体检指标采集、跟踪与预测等，为综合把握各省、市的发展质量，查找城市发展与建设管理存在的障碍和不足，支撑城市总体规划、建设、管理各项工作，促进城市人居环境高质量发展提供技术支撑（图 3-6）。

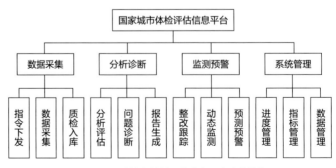

图 3-6　国家城市体检评估信息平台功能结构

图片来源：作者自绘

3.2.3 省级城市体检评估信息平台

省级人民政府主导建设、协调、统筹管理省级城市体检评估信息平台，省级住房和城乡建设主管部门负责推进规划建设、运行、更新维护平台。省级城市体检评估信息平台服务于省级用户，需要满足省级用户汇聚各市自体检数据、第三方体检数据及其他综合数据的需求，以及在数据的基础上进行审核校验、分析诊断、预警跟踪和综合评价的业务应用需求。

逐步建立覆盖全省的城市建设数字化管理平台，使其具备省级城市体检信息管理的功能；且省级平台要与国家、市平台实现联动，一方面接收、审核、存储市级上报数据，另一方面接收国家平台体检任务的下达、分解。

在建设内容上，省级平台突出组织协调、监督检查、考核评价、决策分析等职能，通过省内城市级数据的汇集质检、对比排名、统计分析、问题诊断、监测预警等功能完成对省内城市现状的基本分析诊断和横向比较。在此基础上，聚焦省内城市建设中的共性问题、突出问题以及重点城市、重点专项，最终形成省级城市体检的工作平台。向上确保国家级平台及时掌握地方城市体检工作情况，指导、监督、评价全国城市体检工作，向下统筹协调省内城市体检工作，增强城市精细化管理水平，及时、准确、全面地反映省内城市发展现状及未来趋势。

省级城市体检评估信息平台由业务系统和工具组成（图 3-7）。主要实现体检评估省级特色指标管理、体检信息数据收集、分析诊断，城市对比、智能预警，对省内各城市规划、建设、管理状况进行监管。业务系统由基础模块和扩展模块组成。基础模块主要包括报送统计、分析诊断、城市对比、知识库、指标管理、数据管理和系统管理，扩展模块主要包括整改跟踪、智能预测预警和专项评估。工具主要包括城市体检申报工具和公众参与工具。

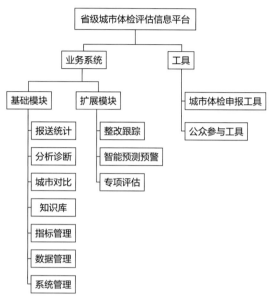

图 3-7　省级城市体检评估信息平台功能结构

图片来源：作者自绘

3.2.4　市级城市体检评估信息平台

城市人民政府对市级城市体检评估信息平台建设发挥领导统筹作用。市级住房和城乡建设局 / 委、城市大数据局等可作为平台建设的责任主体，负责平台的建设（图 3-8）。市级城市体检评估信息平台服务于市级用户，需要满足市级用户上交自体检数据、接入第三方体检数据及其他综合数据的需求，以及在数据的基础上进行分析诊断和综合评价，同时配合上级部门进行数据汇交、问题整改等业务应用的需求。市级住房和城乡建设局 / 委负责平台的实施与运维，并协调各相关职能部门根据责任分工参与建设。

市级城市体验评估信息平台的基本任务是基于城市联通、协作共享、公众参与的方式，建立市级统一收集、管理、报送、一体化分析的信息化支撑机制，实现体检评估特色指标管理、信息数据采集上传、对本城市各指标诊断分析。平台通过指标计算、动态监测、智能

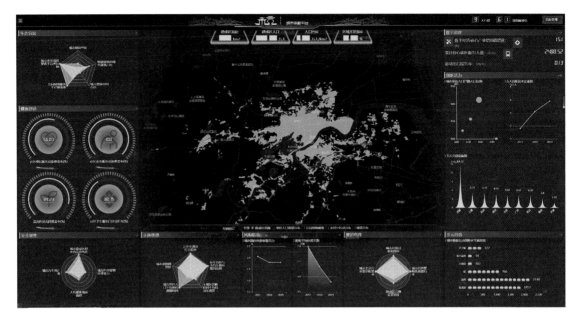

图 3-8 杭州市体检评估信息平台首页

图片来源：杭州市城乡建设委员会：杭州市城市体检评估信息平台，2021

预警等手段，发现成效与不足，实现精准的城市整体发展状况辅助决策与统筹管理，并与省、国家平台实现联动，上报市级数据，反馈地方信息，接收国家、省部平台的任务下达。平台的作用是及时、准确、全面地反映城市发展现状及未来趋势，为城市的可持续发展提供可靠的信息技术与数字资源支撑。

市级城市体检评估信息平台应充分利用城市已有的信息化平台，积极引入城市大脑、物联网、互联网等多源数据，融合人工智能、大数据、GIS 等信息技术。平台建设应以支撑城市体检工作为核心，围绕城市体检指标体系，结合城镇老旧小区改造、低碳城市、海绵城市、完整社区建设、绿色城市、安全城市等工作，搭建部门联动、社区参与的数据采集与共享平台。

CIM 平台的全时空城市数字底板和与国家、省级平台互通的城市数据，为开展城市体检工作奠定数字化基础，提高发现问题的效率。

城市体检评估信息平台建立的数据平台，汇聚海量数据进行采集、计算、存储、加工。同时，平台统一标准和交换口径，形成大数据资产，对城市体检工作的持续开展做长期跟踪，为人居环境改善提升提供科学、可靠的信息技术支撑。

随着城市体检工作的推进，平台也将成为梳理城市更新与建设思路、提升城市精细化治理水平的重要依据。建立系统全面、标准明确、流程清晰的城市体检和专项整治行动工作管理标准体系，与城市建设行为有效联动，推动城市建设与管理由"突击治理"向"日常监管"转变，将信息平台作为监督考核责任主体单位的重要技术支撑，定期向城市领导小组做智能综合评价与预测预警。通过建立集"元数据—指标计算—指标分析—问题诊断—决策调整—评估反馈"功能于一体的动态监测评估与治理提升的城市决策管理平台，助力城市治理能力现代化。

市级城市体检评估信息平台与省级城市体检评估信息平台功能结构类似（图3-9），均由业务系统和工具组成，业务系统由基础模块

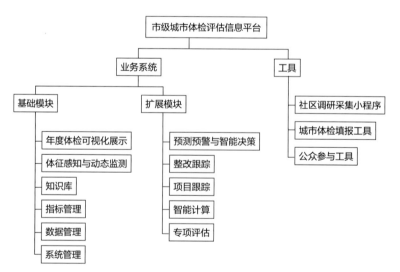

图3-9 以"省级城市体检评估信息平台功能结构"为基础略做调整的市级功能结构

图片来源：中国城市规划设计研究院等：《城市体检评估信息平台建设指南》（2021年试行版），2021

和扩展模块组成。相比省级城市体检评估信息平台，市级城市体检评估信息平台中基础模块增加了年度体检可视化展示、体征感知与动态监测，未设报送统计、分析诊断；扩展模块增加了智能决策、项目跟踪、智能计算。工具增加了社区调研采集小程序。

04

全国城市体检试点成果与展望

- 本章结合 2019 年 11 个试点城市、2020 年 36 个样本城市的城市体检工作实践，从国家、省、市三个层面系统阐述了全国试点情况、指标体系设定、各城市的成果体系、针对体检结果的治理对策等工作经验，为"十四五"期间进一步推广城市体检工作提供参考。

- 总体来看，近两年的城市体检探索工作达到了预期目标，参与省市在住房和城乡建设部工作部署和第三方团队的技术指导下，均形成了一系列工作成果，并在评价标准、成果应用、长效机制等方面进行了富有成效的探索，为推动城市高水平治理和高质量发展奠定了坚实基础。

4.1 国家层面试点经验

4.1.1 国家层面试点工作

1 国家发展和改革委员会：《〈中华人民共和国国民经济和社会发展第十四个五年规划和 2035 年远景目标纲要〉辅导读本》，人民出版社，2021。

城市体检工作由北京市于 2018 年起率先开展。北京城市体检重视的是规划实施的体检，其指标体系的地域性、时效性很强。2019、2020 年，住房和城乡建设部在全国范围内逐步推广城市体检工作，侧重于预防和诊治"城市病"，具有鲜明的"'目标导向、问题导向、结果导向'+'政府推动、技术支撑'"特点。经过两年的试点探索，我国已基本建立了城市体检评估制度，促进了城市规划建设管理统筹与城市高质量发展。通过开展城市体检，将城市视作"有机生命体"，解决城市规划建设管理中的问题，提高城市风险防范能力、决策科学化水平和资源投放的精确度，推动持续治理"城市病"问题，[1] 推动城市建设从外延粗放式转向内涵集约式，城市发展从"有没有"转向"好不好"。

从国家层面来说，开展城市体检试点工作主要有以下几方面考虑：一是要加快建立城市体检相关制度，创新体制机制和工作方法，推动城市体检工作常态化，使之成为党委政府做好城市规划建设管理的一项重要工具；二是要全面了解全国不同地域、不同规模、不同发展阶段的城市建设情况，总结亮点和经验，为国家的政策制定和重点工作提供支撑；三是要让各城市充分认识到自身的发展优势和存在的不足，未来考虑通过对比、排名等方式督促和激励地方政府对标对表，主动提升，建设更好的宜居城市、绿色城市、韧性城市、智慧城市、人文城市。

4.1.2 2019 年全国城市体检试点工作

2019 年 4 月 12 日，住房和城乡建设部下发关于开展城市体检试点工作的意见。选择沈阳、南京、厦门、广州、成都、福州、长沙、海口、西宁、景德镇、遂宁等 11 个城市开展城市体检试点工作。试点城市涵盖我国华北、华南、华东、西南等不同地区，省会城市、特区城市、副省级城市、地级市等不同类型，超大城市、大城市、中小城市等不同规模，具有较好的样本代表性。

在体检内容方面，"紧扣新发展理念和城市高质量发展内涵，以解决人民群众最关心最直接最现实的利益问题，不断增强群众的获得感、幸福感、安全感为着力点，重点从生态宜居、城市特色、交通便捷、生活舒适、多元包容、安全韧性、城市活力和城市人居环境满意度等 8 个方面 36 项指标对城市进行体检"，[1] 以市辖区建成区作为主要体检范围。

在指标体系的建立上，与城市高质量发展要求相结合，既要涉及城市经济、政治治理、文化、社会、环境等各方面，也要细化到土地利用、交通、水、能源、废物、绿化与公共空间、建筑等各个城市子系统，并参考来自多方面的体检评估指标和城市发展指标。突出指标体系的开放性和弹性，以 36 项基本指标为基础，鼓励试点城市依据本城市特定要求增加本地化体检指标，称之为"36+N"项指标体系。各试点城市在开展城市体检工作时，按照建设"数字城市""智慧城市"的要求，同步开展统一收集、统一管理、统一报送的市级城市体检评估信息系统建设。

在工作方法和机制上，将城市体检工作分为城市自体检、第三方体检、体检结果反馈三个环节。引导各试点城市将城市体检作为政府的一项重要工作，提升到更高层面定期调度、统筹推进各试点城市按照住房和城乡建设部统一工作部署，探索建立了"政府主导、市区联动、部门协同、公众参与"的共建共享共治的工作机制。

在技术支撑方面，专门成立了住房和城乡建设部城市体检专家指导委员会，成员由国内经济、社会、规划、交通、园林、地理、公共

1 《住建部召开视频会议推
进新型城市基础设施建
设》，《建筑时报》2021
年 1 月 28 日，第 1 版。

管理等领域的知名专家学者组成，全方位支撑城市体检工作。试点过程中，住房和城乡建设部城市体检专家指导委员会定期开展现场工作指导，集中组织专家对试点城市逐一进行现场培训和指导并开展阶段性工作经验交流，组织试点城市在北京、长沙等地召开城市体检试点工作经验交流会，促进试点城市间的学习交流，推动试点城市体检工作的开展。

此外，为及时总结好的经验做法，深入推进工作，采取了工作营的方式推进试点工作，选取长沙、广州、福州等工作开展相对较好的城市与中国城市规划协会、清华大学、中国科学院等单位组成工作营，就城市体检重点内容开展专题研讨，编制城市体检技术指南，指导各地城市体检工作。

4.1.3　2020 年全国城市体检试点工作

2020 年的城市体检在新冠疫情全球暴发的特殊背景下开展。以"防疫情补短板扩内需"为主题，在 2019 年 11 个试点城市基础上选取 36 个城市开展 2020 年城市体检工作。36 个样本城市涵盖全国各省、自治区、直辖市，各省一般选择省会城市或者具有较高代表性的城市，上海、天津、重庆等直辖市也首次纳入城市体检范围。

在体检内容方面，重点从"生态宜居、健康舒适、安全韧性、交通便捷、风貌特色、整洁有序、多元包容、创新活力"等 8 个方面 50 项指标对城市进行体检，继续以市辖区建成区作为主要体检范围。相对 2019 年，对部分版块内涵、指标做了适当调整：生活舒适调整为健康舒适；城市特色调整为风貌特色，扩展了城市特色的内涵；城市活力调整为创新活力，更加突出创新对城市发展的重要作用。"防疫情补短板扩内需"充分反映在指标体系中，新增了高层高密度住宅占比、高密度医院占比、城市医疗废物处理能力、人均城市大型公共设施具备应急改造条件的面积等主题指标（表 4-1）。

2020 年城市体检指标体系

表 4-1

目标	序号	指标	解释	备注
一、生态宜居	1	区域开发强度 /%	市辖区建成区面积占市辖区总面积的比例	—
	2	城市人口密度 /（万人 /km²）	市辖区建成区单位用地面积上的常住人口数	—
	3	城市开发强度 /（万 m²/km²）	市辖区建成区单位用地面积上的建筑面积	—
	4	城市蓝绿空间占比 /%	市辖区建成区水域和绿地面积占市辖区建成区总面积的比例（查找城市蓝绿空间占比是否合理，是否存在超出资源环境承载力的超大人工湖、人工湿地等景观工程）	—
	5	空气质量优良天数 / 天	市域全年空气质量指数（AQI 指数）不大于 100 的天数	—
	6	城市水环境质量优于五类比例 /%	城市水环境质量评价指标，市域水体水环境质量优于五类数量 / 市域水体总数	—
	7	公园绿地服务半径覆盖率 /%	市辖区建成区公园绿地服务半径覆盖的居住用地面积占市辖区建成区总居住用地面积的比例（5000m² 及以上公园绿地按照 500m 服务半径测算；2000～5000m² 的公园绿地按照 300m 服务半径测算）	—
	8	城市绿道密度 /（km/km²）	市辖区建成区范围内绿道长度与市辖区建成区面积的比值。绿道的定义参考《住房和城乡建设部关于印发绿道规划设计导则的通知》（建城函〔2016〕211 号）中的规定	—
	9	新建建筑中绿色建筑占比 /%	市辖区建成区本年度竣工的民用建筑（包括居住建筑和公共建筑）中按照绿色建筑相关标准设计、施工并通过竣工验收的建筑面积的比例	—
二、健康舒适	10	社区便民服务设施覆盖率 /%	市辖区建成区建有便民超市、快递点、综合服务等公共服务的社区数占社区总量的比例	—
	11	社区养老服务设施覆盖率 /%	市辖区建成区建有社区养老服务设施的社区占社区总量的比例	—
	12	普惠性幼儿园覆盖率 /%	市辖区公办幼儿园和普惠性民办幼儿园提供学位数占市辖区在园幼儿数的比例	—
	13	社区卫生服务中心门诊分担率 /%	市辖区建成区社区卫生服务机构门诊量占市辖区建成区总门诊量的比例	—
	14	人均体育场地面积 /（m²/ 人）	全民体育健身场地包括健身步道、市民球场、市民游泳池、市民健身房、社区健身场地等，市辖区健身场地总面积 / 市辖区常住人口	—

续表

目标	序号	指标	解释	备注
二、健康舒适	15	人均社区体育场地面积/（m²/人）	市辖区社区体育场地总面积/市辖区社区常住人口	—
	16	老旧小区用地面积占比/%	市辖区建成区未改造的老旧小区用地面积占市辖区建成区居住用地面积比例	—
	17	高层高密度住宅用地占比/%	市辖区建成区高层高密度居住区用地面积占市辖区建成区居住用地面积的比例（"高层住宅"指18层或60m及以上住宅，"高密度住宅"指容积率大于等于3.5的居住小区）	主题性指标
	18	高密度医院占比/%	市辖区建成区二级及以上综合医院建筑密度超过35%的比例	主题性指标
三、安全韧性	19	城市建成区积水内涝点密度/（个/km²）	城市应对自然灾害能力评价指标。市辖区建成区内常年出现积水内涝现象的地点数量/市辖区建成区面积	—
	20	万车死亡率/（人/万车）	城市应对交通事故能力评价指标。市辖区每年因道路交通事故死亡的人数/市辖区机动车保有量	—
	21	城市每万人年度较大建设事故发生数/（个/万人）	城市应对市政设施事故能力评价指标。市辖区年度断水、断电、断气、大雨内涝、管线泄漏爆炸、路面塌陷等基础设施较大事故发生数/城市市辖区常住人口数	—
	22	人均庇护场所面积/（m²/人）	市辖区建成区常住人口人均所占有的应急避难场所面积	—
	23	城市二级及以上医院覆盖率/%	城市二级及以上医院4km（公交15分钟可达）服务半径覆盖的建设用地占建成区总建设用地面积的比例	主题性指标
	24	城市医疗废物处理能力/%	市辖区建成区内平常日均集中处置医疗废物总量占设施日集中处置能力的百分比	主题性指标
	25	人均城市大型公共设施具备应急改造条件的面积/（万m²/人）	市辖区的会展中心、体育馆等大型公共建筑中具备应急改造条件的建筑总面积/市辖区常住人口数	主题性指标
	26	城市传统商贸批发市场集聚程度/%	城市中心城区内传统商贸批发市场数量占市辖区传统商贸批发市场总数的比例	主题性指标
四、交通便捷	27	建成区高峰时间平均机动车速度/（km/h）	城市机动车交通评价指标。市辖区建成区高峰时段各类道路、各类机动车的平均行驶速度	—
	28	城市道路网密度/（km/km²）	市辖区建成区内平均每平方千米城市建设用地上拥有的道路长度	—

续表

目标	序号	指标	解释	备注
四、交通便捷	29	城市常住人口平均单程通勤时间 /h	城市整体交通服务水平评价指标。城市常住人口单程通勤所花费的平均时间	—
	30	停车泊位总量与小汽车拥有量的比例 /%	市辖区内居住区停车泊位总量与市辖区小汽车拥有量的比例	—
	31	公共交通出行分担率 /%	市辖区建成区居民选择公共交通的出行量占机动化出行总量的比例	—
五、风貌特色	32	城市历史文化街区保存完整率 /%	市辖区建成区保存完好的历史文化街区面积 / 特定历史时期的城市建成区面积	—
	33	工业遗产利用率 /%	市辖区建成区范围内仍在延续使用或已经活化利用的工业遗产数量占工业遗产总数量的比例	—
	34	城市历史建筑平均密度 /（个 /km^2）	市辖区城市挂牌历史建筑数量 / 市辖区建成区面积	—
	35	城市国内外游客吸引力 /%	市域主要节假日城市国内外游客量 / 城市常住人口	—
六、整洁有序	36	城市生活垃圾回收利用率 /%	市辖区建成区回收利用的生活垃圾总量 / 市辖区建成区生活垃圾产生总量	—
	37	城市生活污水集中收集率 /%	市辖区建成区向污水处理厂排水的城区人口占城区用水人口的比例，通过集中式和分布式处理设施收集的生活污染物总量与生活污染物排放量之比计算	—
	38	建成区公厕设置密度 /（座 /km^2）	市辖区建成区公厕数量 / 市辖区建成区面积	—
	39	城市各类管网普查建档率 /%	市辖区建成区中已开展管网普查建档的区域面积占市辖区建成区总面积的比例	—
	40	实施专业化物业管理的住宅小区占比 /%	市辖区建成区实施专业化物业管理的住宅小区占市辖区建成区住宅小区的比例	主题性指标
七、多元包容	41	常住人口基本公共服务覆盖率 /%	城市基本公共服务已覆盖的常住人口数占城市常住人口总数的比例。基本公共服务包括社会保险、基本医疗保障、义务教育、基本住房保障等	—
	42	公共空间无障碍设施覆盖率 /%	市辖区建成区无障碍设施公共建筑覆盖比例 + 无障碍城市道路覆盖比例	—

续表

目标	序号	指标	解释	备注
七、多元包容	43	城市居民最低生活保障标准占上年度城市居民人均消费支出比例 /%	城市最低生活保障标准（月 ×12）/ 上年度城市居民人均消费支出	—
	44	房租收入比 /%	城市平均房租水平单位面积年租金 / 城市居民人均可支配收入	—
	45	房价收入比 /%	城市住房平均总价 / 城市居民人均可支配收入	—
八、创新活力	46	城市常住人口户籍人口比例 /%	市辖区常住人口与市辖区户籍人口的比例	—
	47	城镇新增就业人口中大学（大专及以上）文化程度人口比例 /%	市辖区城镇新增就业人口中大学（大专及以上）文化程度人口数 / 市辖区城镇新增就业人口数	—
	48	全社会 R&D 支出占 GDP 比重 /%	城市创新活力评价指标。年度内全社会实际用于基础研究、应用研究和试验发展的经费支出占国内生产总值（GDP）的比例	—
	49	非公经济增长率 /%	市辖区当年非公经济增加值 / 上一年增加值增长 %+ 新增民营企业数量 / 现有民营企业数量增长 %	—
	50	万人高新技术企业数量 /（个 / 万人）	市辖区内高新技术企业数 / 市辖区常住人口数	—

资料来源：《住房和城乡建设部关于支持开展 2020 年城市体检工作的函》（建科函〔2020〕92 号），2020

在工作机制和工作方法方面，基本沿用了 2019 年"城市自体检 + 第三方体检 + 体检结果反馈"三个阶段。不同点主要体现在两个方面：一是城市自体检与第三方体检同步开展，相互校核；二是因疫情防控需要，由第三方体检团队通过微信小程序统一开展线上的社会满意度调查，各城市配合组织实施。

在技术支撑方面，更加突出了高校、科研机构和学术组织的全面支撑。清华大学中国城市研究院负责统筹第三方城市体检工作，开展第三方城市体检技术分析，完成第三方城市体检总报告和样本城市分报告。

中国科学院地理科学与资源研究所面向全国 36 个城市开展线上问卷调查，涉及 8 大维度、50 项次级指标的居民满意度评价，共向样本城市发放 32 万余份调查问卷，回收有效调查问卷 26.5 万份，完成了社会调查总报告和样本城市分报告。中国城市规划设计研究院（住房和城乡建设部遥感应用中心）研发了城市体检评估信息平台，为城市体检全面提供技术支撑。中国城市规划协会配合住房和城乡建设部城市体检专家指导委员会日常工作，组织专家对样本城市进行调研指导，召开 2020 年样本城市体检工作座谈会，建立地方技术机构支撑网络，开展技术指导和交流。

专栏：2020 年全国城市体检主要结论

一、36 个样本城市人居环境质量总体较好

36 个样本城市体检结果表明，目前我国城市功能不断完善，人居环境得到改善。从社会满意度调查结果看，城市体检的八个主要方面得分均在 80 分左右，人民群众获得感、幸福感、安全感总体较强。

（一）生态宜居方面

1. 超半数的城市空气质量优良。36 个样本城市中，有 20 个城市达到《"十三五"生态环境保护规划》目标要求。

2. 城市水环境质量得到改善。36 个样本城市中，有 22 个样本城市超过 95% 的地表水体质量优于劣 V 类水质，达到《"十三五"生态环境保护规划》确定的水环境质量目标。

3. 绿色建筑取得积极成效。36 个样本城市中，有 30 个城市新建筑中新建绿色建筑占比超过了 50%，达到《建筑节能与绿色建筑发展"十三五"规划》确定的目标。其中，上海、济南、郑州、乌鲁木齐和衢州已达到 100%。

4. 居民对公园绿地等建设情况满意。社会满意度调查结果显示，居民对公园绿地、亲水空间与城市公共开敞空间等景观建设指标满意，对公园绿地的满意度评价达到 84 分。

（二）健康舒适方面

1. 社区便民服务设施不断完善。36 个样本城市的便利店、智能快件投递柜等社区便民服务设施覆盖率普遍较高，有 16 个城市的便民服务设施覆盖率达到了 100%。居民对社区超市等便民服务的满意度评价达到 81 分。

2. 公共体育设施建设持续推进。36 个样本城市中，有 21 个样本城市的体育场地面积达到人均 $1.8m^2$ 的国家标准。以成都为例，近三年的人均体育场地面积分别为 $1.82m^2$、$2.03m^2$ 和 $2.17m^2$，逐年较快增长。

（三）安全韧性方面

1. 城市安全形势稳定。29 个样本城市较大安全事故发生数低于 0.02 个 / 万人。36 个样本城市居民对城市社会治安的满意度达到 82.7 分。

2. 城市交通安全环境总体较好。34 个样本城市万车交通死亡率均在 2 人以下，其中贵阳、遂宁、乌鲁木齐、银川、郑州、福州、厦门、长沙、呼和浩特等 9 个城市在 1 人以下。

（四）交通便捷方面

1. 高峰期机动车平均车速基本达标。32 个样本城市建成区高峰时间平均机动车速度超过了 20km/h，达到《城市综合交通体系规划标准》要求。

2. 公交分担率较高。36 个样本城市公交分担率平均达到 41.8%，高于《城市公共交通"十三五"发展纲要》中 40% 以上的要求。居民对公共交通出行的满意度评价为 80.8 分。其中，兰州、西宁、乌鲁木齐、西安、重庆、贵阳等西部地区的城市公交分担率均超过 50%。对标国际，与伦敦、纽约等城市的 55% 相比，上海、广州等城市公交分担率高出 5 个百分点以上。

（五）风貌特色方面

1. 历史文化街区和历史建筑数量显著增长。截至 2020 年底，36 个样本城市共划定 234 片历史文化街区、确定历史建筑 7497 处，较 2018 年分别增加 20 片、1153 处，增长率分别为 9.3% 和 18.2%。

2. 历史文化名城各类遗产保护力度增强。截至 2020 年底，36 个样本城市中的 23 个国家历史文化名城共测绘历史建筑 3350 处，完成率 47.5%；挂牌和建档历史建筑 4693 处，完成率 66.5%；在 175 片历史文化街区设置标志牌，完成率 93.1%；保护修缮历史建筑 1531 处，活化利用历史建筑 893 处。

3. 居民对城市风貌特色评价较好。城市风貌特色评价得分 81.9 分，其中对山水自然景观保护、城市景观的评价得分较高，分别为 82.7 分和 82.4 分。统计结果显示，有 26 个样本城市年外来旅游人数超过 2000 万人次。

（六）整洁有序方面

1. 生活垃圾处理工作取得积极进展。各地生活垃圾收运处理系统不断完善，处理水平不断提高，生活垃圾分类逐步成为群众的自觉行动。有 13 个样本城市的生活垃圾回收利用率超过 35%。

2. 城市公厕建设管理不断加强。有 21 个样本城市建成区公厕密度超过了 3.5 座 /km^2。社会满意度调查结果显示，居民对公共厕所卫生状况评价得分为 79.3 分。

3. 城市市容环境得到改善。城市道路清扫保洁机械化水平不断提高，机械化清扫率达到 70% 以上。30 个样本城市被评为国家卫生城市。

（七）多元包容方面

1. 城市居民最低生活保障标准相对较高。36 个样本城市居民 2019 年最低生活保障标准占上年度人均消费的支出均超过了 25%。在住房保障方面，各样本城市做到了应保尽保，同时加大精准保障力度，帮助环卫工人、公交司机等改善居住条件。

2. 居民对城市多元包容情况总体满意。36 个样本城市居民对包容性评价值为 80.5 分，特别是对国际人士、外来人口、弱势群体的友好性三项指标评价均超过 80 分。

（八）创新活力方面

1. 城市对人口的吸引力较强。从城市常住人口与户籍人口比看，上海、天津、广州、厦门、乌鲁木齐等城市超过了 140%。居民对人才引进政策的满意度评价为 80.1 分。

2. 城市的全社会研发投入高。西安、上海、广州、成都、杭州等超大特大城市的全社会研发经费投入占 GDP 比重超过了《"十三五"国家科技创新规划》2.5% 的目标。其中，西安和上海超过了 4%。

3. 非公经济保持快速增长。相比 2019 年，32 个样本城市 2020 年的非公经济增长率均超过 10%。其中，成都、昆明等 23 个城市超过了 20%。

二、城市体检发现的突出问题

体检结果显示，36 个样本城市存在的问题和短板主要表现为：

（一）城市人口过密、功能布局不均衡

1. 中心区普遍人口过密、功能布局不均衡。有 12 个样本城市建成区人口密度高于 2016 年东京中心圈层 1.3 万人 /km² 的水平。城市中心区人口过密问题尤为突出，广州、上海、南宁、海口 4 市中心区的人口密度超过 2016 年纽约核心圈层 2.7 万人 /km² 的水平，其中广州中心区达 3.5 万人 /km²。

2. 城市建成区开发强度高、高层建筑多。36 个样本城市建成区平均开发强度约 100 万 m²/km²，厦门、海口等城市中心区开发强度已经超过 200 万 m²/km²。重庆、大连、长沙、西宁、厦门等城市中心区的高层建筑（18 层或 60m 以上）密度大，重庆渝中区高层建筑最密的区域达到了 95 栋 /km²。14 个样本城市高层高密度住宅（18 层或 60m 以上高层住宅，或容积率在 3.5 及以上的居住小区）占地面积比例超过 25%，其中广州、重庆、西宁、福州等 4 个城市超过 40%。

3. 城市医疗服务设施布局不均衡。36 个样本城市大型综合医院普遍集中在中心区。武汉市有 70 家新冠肺炎定点医院和发热门诊医院，主要集中在三环路以内；在 15 分钟步行距离内，全市定点医院仅能覆盖 40% 的住宅小区。

4. 城市交通问题突出。城市常住人口平均单程通勤时间长，除景德镇和衢州外，34 个样本城市的常住人口平均单程通勤时间超过 30 分钟。样本城市的职住分离现象较为严重，是造成通勤时间长的主要原因。同时，路网密度低，与城市规模扩张的速度不匹配，29 个样本城市的道路网密度低于国家 8km/km² 的要求。另外，停车问题突出，32 个样本城市的老旧小区停车位与小汽车拥有量之比不足 80%。

（二）社区基础设施和公共服务设施配套不足

1. 社区公共服务水平偏低。36 个样本城市的社区养老服务设施覆盖率未达到国家 90% 的要求。其中，有 32 个城市覆盖率低于 70%，有 9 个城市的覆盖率低于 30%。36 个样本城市中，有 28 个城市社区卫生服务中心门诊分担率不足 30%，市民看病主要集中在大医院。普惠型幼儿园建设也需加强，有 12 个样本城市的普惠型幼儿园覆盖率不足 80%，没有达到国家要求。

2. 老旧小区比例较高。通过对 36 个样本城市的 3.45 万个住宅小区进行分析，2000 年以前建设的住宅小区数量占比达到 40.5%。这些小区大多存在基础设施老化问题，达不到完整居住社区建设标准要求。满意度调查结果也显示，居民对老旧小区改造的满意度还不高。

3. 住宅小区实施专业化物业管理的比例不高。除天津、上海、重庆、昆明 4 个城市外，其余 32 个样本城市实施专业化物业管理的住宅小区占比低于 80%，其中 7 个城市不足 60%。

（三）城市历史文化保护与城市特色风貌塑造有待加强

一些城市制定了历史文化保护规划和地方性法规，但是缺少底线要求，刚性管控不足，缺乏有效的问责处罚条款。部分城市历史文化街区划定和历史建筑确定工作进展缓慢，存在漏查漏报、不及时公布挂牌等情况。历史文化保护对象仍不完整，多重视单体保护，忽视对整体格局、传统风貌的保护。

（四）城市精细化管理水平不高

1. 对城市市容市貌的管理仍需加强。尤其在城乡接合部、城中村、背街小巷等地段，铁道、公路、河道沿线等处仍然存在环境卫生差的现象。居民对非机动车乱停乱放、侵占人行道、阻断盲道等问题反映较强烈。

2. 城市运行管理信息化不能满足需要。34 个样本城市都已建设了城市综合管理服务平台，但并没有真正实现城市街道、管网、建筑、交通、人口等信息的集成，运用大数据及时分析、评估和控制风险的机制仍需完善。

3. 地下市政基础设施管理薄弱。样本城市部门之间普遍职能边界不清、缺少协调机制，制约了地下空间的有序开发建设。地下空间管理底数不清，14 个样本城市地下管线没有全面普查建档。

（五）城市安全韧性不足

1. 部分城市人均避难场地建设不足。在 36 个样本城市中，仅有沈阳、昆明、太原、银川 4 个城市符合《防灾避难场所设计规范》人均避难场所面积应达到 $2m^2$ 以上的要求。同时，应急避难场所分布不均匀。

2. 城市防洪与排涝系统缺乏有效衔接。部分城市的防洪和排水防涝系统衔接不够，系统治理能力不足，在遇到极端降雨时，城市排水系统难以应对，造成内涝，并容易引发次生灾害。

分析上述问题，发现问题的根源在于：发展理念转变不到位，实践总结与理论创新不够，城市建设底线管控不足，城市规划建设管理统筹不够，城市管理服务数字化、网络化、智能化水平不高等。

4.1.4 2020年城市建设防疫情补短板扩内需专题调研

2020年3至5月，按照党中央、国务院关于统筹推进新冠肺炎疫情防控和经济社会发展工作部署，住房和城乡建设部以城市体检为工作方法，组织各省、自治区及包括直辖市在内的36个重点城市开展了城市建设防疫情补短板扩内需专题调研，有关成果作为2020年城市体检工作的重要内容。本次调研聚焦城市建设在防疫情方面存在的问题，重点对城市、社区和建筑三个层面的11项内容进行专项调研。第一，城市层面调研涉及区域协同发展、城市功能布局、城市公共设施和基础设施建设、城市信息化建设以及城市管理等方面。第二，社区层面调研涉及社区管理、社区公共服务设施配置、物业服务、老旧小区改造等方面。第三，建筑层面调研涉及公共建筑、居住建筑的设计、使用和管理等方面。通过调研了解各地城市建设防疫情方面的经验做法、暴露的短板和不足，及时总结意见和建议。

专栏：2020年城市建设防疫情补短板扩内需专题调研主要结论

一、城市建设领域在防疫情方面的积极作为

（一）市政基础设施安全运行保障疫情防控需求

供水、供气、排水、供热等市政基础设施总体安全平稳运行。特别是城市生活垃圾处理设施应急处置了大量涉疫垃圾，大大缓解了部分地区医疗垃圾处理能力不足的情况。各地污水处理厂也及时调整处理工艺，加强污水消杀，有效阻隔污水成为疫病传染源。

（二）及时出台一批应急医疗设施建设标准

疫情期间，江苏省住房和城乡建设厅组织省内的设计研究机构紧急研究并发布了《公共卫生事件下体育馆应急改造为临时医疗中心设计指南》。浙江省住房和城乡建设厅发布了《方舱式集中收治临时医院技术导则（试行）》《医院烈性传染病区（房）应急改造技术导则（试行）》等技术文件，为全省传染病区应急改造以及应急隔离医疗设施快速建设提供技术支持。

（三）信息化建设助力疫情防控

各地住房和城乡建设部门依托数字化城市管理、数字政务等平台，辅助城市及社区防控疫情。如杭州市建委在全市建筑工地推行结合了"杭州健康码"信息的"杭州工地通"，有效掌握施工现场人员的流动情况和健康状态，为复工工地开展疫情防控提供有效信息。

（四）"城管进社区"保障疫情排查

各地城管部门积极推进"城管进社区"工作，与社区紧密对接，构建城管执法服务社区、服务市民的网络，做好防控宣传、排查登记和居家隔离服务等工作。如上海自 2016 年开始在各居（村）委都设立城管社区工作室，构建了覆盖全市的城管执法服务社区、服务市民的网络，该网络在疫情防控工作中成为城管联系服务社区，做好防控宣传、排查登记和居家隔离服务等工作的"前沿哨"。

（五）物业管理企业与街道社区联动防疫

随着疫情防控转入常态化管理，物业服务企业、物业服务人员承担了大量政府和社区委派的工作，成为社区疫情防控工作的中坚力量。如北京市丰台区育菲园、育芳园、育芳园东里三个老旧小区在疫情期间委托专业物业公司进行防控管理，物业公司在摸清这三个小区的基础情况、居民诉求和防控短板等情况后，提出精准卡位防护工作方案。

（六）环卫工作支持日常生活与疫情防控

疫情期间，全国 180 多万名环卫职工全力投入城市道路和公共设施保洁消杀、生活垃圾收运处理等工作，保障了人民群众的日常生活，满足了疫情防控需要。

二、城市建设在防疫情方面暴露出的短板与不足

（一）城市层面

1. 城市开发建设强度密度过高，疫情传播风险大。一是高强度的开发建设造成城市缺少必要的通风廊道、隔离绿带和开敞空间，城市组团之间缺乏有效隔离，疫病易传播。调研城市中部分城市毛容积率在 1.0 以上，超过东京（0.96）、伦敦（0.84）等国际大都市，部分地区甚至高达 1.63，超过曼哈顿母城（1.36）。二是高层高密度社区隐患多，成为城市安全和疫病传播的高风险地区。三是高层高密度住宅使人口高度集聚，容易造成疫情在人群中暴发。

2. 城市功能不完善，公共设施分布不均衡。一是医疗设施布局不均衡，大型综合医院过度集中在中心城区。二是大部分城市存在体育设施场地、绿地、广场等开放空间面积偏小、分布不均等问题。三是传统商贸批发市场大多布局在中心城区，批发零售混合，存在卫生脏乱差、管理水平低等问题，

成为疫病传播的高风险地区。四是城市应急避难空间不足、难以满足就近应急避难需求。

3. 城市垃圾和污水处理设施运行压力大，处理涉疫垃圾的能力不足。一是有大量市县环卫部门参与收运处置涉疫垃圾，但由于应急设施建设不足，环卫部门、环卫工人缺乏安全收运处置能力，防护力较弱。二是污水处理厂由于含氯消毒药剂的使用增加，管网中污水氧化还原加快，造成污水处理厂进水化学需氧量（Chemical Oxygen Demand，简称 COD）浓度明显下降，运行存在一定隐患。

4. 城市信息化建设缺乏系统性，信息数据难以实现融合共享。一是智慧城市决策系统基础数据积累不全面、不成体系，部分城市的数据数字化基础较差，各类基础数据库没有建成，尚未实现数据信息的共享调用。二是跨部门信息缺少统筹，信息共享效率不高，有些城市虽然已建立政务数据共享制度，但各个数据有效融合不够，导致外来人口排查、疫情追踪等工作重复低效。

（二）社区层面

1. 社区公共服务设施配套不足，应急服务短板突出。一是社区公共服务设施（包括幼儿园、婴幼儿照护、社区养老服务设施、社区医疗以及便民商业服务设施等）覆盖率不高。二是社区医疗设施不够，分诊能力不足。三是疫情期间社区存在"最后一公里"瓶颈问题。四是城镇老旧小区设施不完善，卫生环境差。

2. 社区管理体系不健全，管理服务力量不足。一是老旧小区缺乏有效社区管理，历史遗留问题多，很多为失管小区，疫情期间管理难度加大。二是物业管理覆盖面不大，存在一定数量的无物业管理、无保安值守、未封闭管理的"三无小区"。

3. 超大社区的疫情防控压力大。超大社区由于人口众多，疫情防控和社会管理难度大，易造成部分小区人员车辆进出不畅，排队时间过长，甚至影响到公共道路交通安全。此外，超大社区还会带来诸如职住分离、通勤交通压力大、服务配套困难等问题。

（三）建筑层面

1. 医院的建筑密度过高。部分医院的建筑密度过高，往往在功能布局、流线组织、洁污分区、通风空调和污废处理等方面都不能满足疫情防控的需求，并且应急备用诊区空间严重不足。

2. 居住建筑防疫功能不强。居住建筑防疫功能不足，存在影响居民健康的诸多风险。目前缺少健康安全居住建筑及其建筑部品的设计标准，缺乏满足住宅卫生防疫优良性能要求的部品和设施。此外，老旧建筑的卫生防护风险突出。

3. 公共建筑应急改造难度大。体育馆、会展中心、交通枢纽等大型公共建筑缺乏"平疫"结合应急设计与预案，配套设施不足，无法快速实现"平疫"转换。

　　针对城市建设在疫情防控方面暴露的短板和不足，从解决好人民群众普遍关心的问题，切实拉动有效投资和消费出发，围绕合理控制城市开发强度密度、因地制宜推动城市更新、推动市政基础设施提升能力、提升社区功能与品质、推进绿色健康建筑建设、建立韧性城市发展建设长效机制、建设应对公共卫生安全的智能城市等七个方面提出对策建议，补齐城市建设短板，打造宜居城市、健康城市、韧性城市，推动城市高质量发展。

4.2　省级层面试点经验

　　随着不断开展与探索全国城市体检试点工作，城市体检工作技术方法体系不断完善，以城市体检的方法推进城市治理现代化逐渐从地方实践上升为省级共识，各省也并行部署开展了城市体检工作，侧重顶层设计与机制建设内容，以及推动城市体检工作全覆盖。各省先后以省级试点、全省展开等形式推广城市体检工作，逐渐向常态化工作转变。

　　省级层面的工作核心是探索顶层设计内容，基于试点城市工作实践，突出各省城市特点，建立工作机制、传导体系、规范标准及规章制度，加快推进省级、市级城市体检工作深入探索与双向联动，为全省推广城市体检工作打下基础。目前全国各省主要以江西、广东等省为先导，初步在机制建设、技术把控等顶层设计方面有所进展，以总结国家试点、设立省级试点、颁布工作方案等方式推进全省城市体检工作。

4.2.1　部省协作推动城市体检顶层设计

　　全国各省工作中，江西省在推进城市体检评估机制建设工作中走在全国前列。住房和城乡建设部与江西省开展合作，加快我国城市体检机制建设工作。

2021 年 3 月 25 日，住房和城乡建设部、江西省人民政府签署《建立城市体检评估机制推进城市高质量发展示范省建设合作框架协议》，合作建立城市体检评估工作机制，推动江西实施城市更新行动，推动转变城市开发建设方式，走出一条彰显江西特色的城市高质量发展新路。以部省合作为契机，推动江西省在城市体检评估地方立法上先行先试，探索建立从诊断到治疗的联动机制，加快形成一批可复制可推广的经验做法，为完善城市体检评估工作机制积累有益经验，为全国树立榜样、作出示范。

根据协议，住房和城乡建设部与省政府将扎实推进城市体检工作，共同推动建立城市体检评估机制，统筹城市规划建设管理，推进实施城市更新行动，开展城市高质量发展示范省建设，2021 年基本实现江西全省设区市城市体检工作全覆盖，2022 年城市体检评估机制基本建立，2023 年城市体检评估机制全面建立，为全国城市体检积累经验、提供示范。[1]

1 张娟：《住房和城乡建设部与江西省政府合作建立城市体检评估机制》，《城乡建设》2021 年第7 期。

4.2.2 江西省以城市体检工作推动城市规建管高质量发展

江西省作为革命老区，为中国革命作出了巨大牺牲和重大贡献。近年来，江西省委、省政府坚决贯彻落实习近平总书记"在加快革命老区高质量发展上做示范、在推动中部地区崛起上勇争先"的指示要求，实施城市功能与品质提升行动，着力建设宜居宜业、精致精美的人民满意城市，城市发展建设取得了新成就。2020 年至今，江西省在推进城市体检评估机制建设工作中走在全国前列，结合实际形成了具有地方特色的城市体检评估体系。江西省高度重视城市体检评估工作，2020 年，按照住房和城乡建设部《2020 年城市体检工作方案》要求，在赣州、景德镇市全国城市体检样本城市工作基础上，结合自身实际情况，在全省全面部署城市体检工作，探索形成了工作推进模式，取得了积极成效。

（1）在全省范围开展城市体检

江西省在统筹全省城市体检工作实践方面做了全面的部署。制定了《江西省城市体检工作实施方案》，组织全省 11 个设区市开展城市体检，并探索城市体检向县一级延伸，在每个设区市选择不少于 1 个县同步开展城市体检工作。一方面，在住房和城乡建设部确定的 50 项城市体检指标体系基础上，增加反映江西省特点的指标内容，形成由 10 大方面、47 项重点领域、112 项具体指标构成的体检评价指标体系。另一方面，探索城市、县分层级的城市体检评估指标及评价标准，各体检市县结合本地实际增加特色指标（图 4-1），形成"112+N"的体检指标内容。安排省级城市建设专项资金进行补助，各市县也同步配套安排一定资金用于城市体检工作。组建省级城市体检专家库，加强对体检工作的技术支持，全程跟踪指导各地工作。

（2）加强考核监督与长效机制建设

江西省建立了保障城市体检工作有效开展的长效机制。一是将"开展城市体检工作"纳入 2020 年城市功能与品质提升工作年度考核内容，建立"一月一调度，一月一通报"的工作机制，由领导小组办

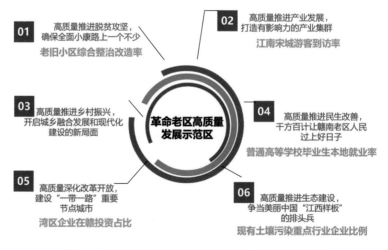

图 4-1　制定具有江西特色的指标体检内容：赣州市特色指标

图片来源：中规院（北京）规划设计公司：《赣州市 2020 年城市自体检报告（送审稿）》，赣州，2020

公室定期向开展城市体检的市、县人民政府印发进展情况通报，梳理近期工作存在的问题，提出下一步工作要求，对工作进展慢、工作进度滞后的市县进行定期通报。二是及时总结城市体检工作经验，研究起草城市体检评估办法等配套政策性文件，探索建立"一年一体检、五年一评估"长效工作机制。

（3）注重实效，加强成果运用

通过开展城市体检，江西省各市、县聚焦群众最关心、最不满意的城市问题，推动各市、县全面系统查找城市发展建设的短板，制定精准的补短板措施，取得了显著成效。

首先，建立了将体检结果与政府年度计划与重点行动项目库联动的机制，为政府制定下一年的城市建设和管理工作计划提供依据。2020年，江西省结合城市体检工作，梳理出城市功能与品质提升项目6403个，总投资8796.21亿元。

其次，补齐短板，完善城市基础设施。江西省通过对城镇污水管网进行体检，发现存在"城镇小区污水未接入城镇污水管网、有的城镇道路未配套建设污水管网、雨污管网混接错接、沿河沿湖敷设污水管网"等问题。各地正在有针对性地加大补齐污水设施建设短板力度。

再次，强化城市特色领域优势，加长"长板"。景德镇市提出"特色强化"行动方案，不断巩固和强化景德镇在生态、文化方面的特色与优势，形成"治山理水、修复生态"项目库和"传承文脉、融合发展"项目库。

最后，推动信息平台建设，通过信息化技术手段支持城市体检工作。赣州市围绕城市体检8大方面内容，构建城市体检信息化平台（图4-2），应用前沿信息化技术和基于GIS的可视化展示功能，多维度、全方位解析城市，目前已完成了数据库、功能设计、界面设计、指标概览模块的开发工作（图4-3）。

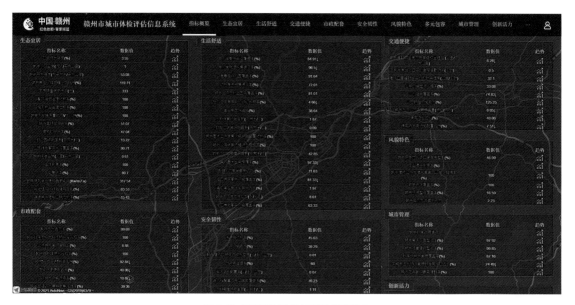

图 4-2　赣州市城市体检评估信息平台

图片来源：中规院（北京）规划设计公司：《赣州市 2020 年城市自体检报告（送审稿）》，赣州，2020

图 4-3　赣州市城市体检评估信息平台特色指标部分

图片来源：中规院（北京）规划设计公司：《赣州市 2020 年城市自体检报告（送审稿）》，赣州，2020

4.3 市级层面试点经验

4.3.1 市级层面试点工作

长沙市为了适应新时代的新要求，在省委主要领导的支持下成立了城市人居环境局，牵头负责城市体检工作。广州市发动各区同步成立区级工作领导小组和"区城检办"，积极发动街镇、社区参与进来，形成共同推进市、区两级城市体检工作的强大合力。

此外，各地还积极发挥技术团队、专家组、公众的作用，构建"指标分析＋专家诊疗＋周期性观察"的立体式城市体检工作模式。上海市探索建立"部门协同、公众参与、专家咨询、第三方评估、信息平台支撑"的工作机制，以同济大学超大城市精细化治理研究院作为专业研究团队，形成由各委办局、技术团队等共同参与编制体检报告的协作模式。广州、武汉、南京等城市以本地高水平设计机构为主体，联合高校科研机构、行业学会，共同组建体检工作专班，邀请国内建设、规划等领域知名专家组建"规划专家"顾问团队，作为"城市体检"智囊团，全程指导和把关城市体检相关工作。

4.3.2 针对城市问题的治理对策

各地在城市体检中发现了很多"城市病"，如交通拥堵、水污染严重、城市风貌缺失、完整社区建设不足等。针对这些问题各城市也提出了行之有效的解决方案和措施。住房和城乡建设部对这些思路进行了总结，提出了今后针对全国城市问题进行治理的系列对策。

（1）推动城市规划建设管理统筹

坚持问题导向、目标导向、结果导向，将经实践检验的城市体检评估制度作为检验城市规划、建设、管理工作绩效的重要抓手，紧紧围绕宜居、绿色、韧性、智慧和人文城市建设目标，完善城市体检评估指标体系和方法，全方位评估城市承载力、宜居性、安全性、包容性、吸引力，从根本上转变城市开发建设方式，推动城市结构优化、功能完善和品质提升，深入推进以人为核心的新型城镇化，提高城市建设质量和精准度，推动完善城市管理和服务，增强城市整体性、系统性和生长性，提升城市承载力、宜居性和安全韧性。

（2）推动城市与建筑风貌管控标准的研究制定

一是合理确定城市规模、人口密度，优化城市布局。明确城市中心城区人口密度底线要求，引导中心区部分功能向城市外围疏解，引导人口合理分布。二是严格控制建筑高度，限制建设超高层住宅，明确临近水体、山体的建筑高度管控要求，保护城市历史文脉和风貌。三是不拆除历史建筑和传统民居等老建筑，不破坏原有地形地貌，不砍伐老树。四是控制城市组团面积规模不突破 $50km^2$，防止城市建设"摊大饼"。城市组团间结合原有自然山水地貌，建设宽度不小于 $100m$ 的连续绿化带进行分隔。合理确定城市硬化下垫面占比上限。五是优化城市交通体系。大城市建立完善的快速路、生活性道路和步行道系统。小城市要做好内部道路系统与外围快速路的衔接。六是加强城市人均避难场地建设。结合绿地等开敞空间，合理建设和布局应急避难场所。

（3）推进新型城市基础设施建设

一是全方位推动 CIM 平台建设，将城市空间信息模型数据与城市运行感知数据整合，建设全面覆盖、互相联通的城市智能感知系统，打造智慧城市基础操作平台，推进其在城市体检、智慧市政、智慧社区、智慧交通等领域的应用。二是推进智能化市政基础设施建设和更新改造。对城市供水、排水、供电、燃气、热力等市政基础设施进行升级改造和智能化管理，提升市政基础设施的运行效率和安全性能。三是协同发展智慧城市和智能网联汽车。以支撑智能网联汽车应用和改善城市出行为切入点，建设城市道路、建筑、公共设施融合的感知体系，打造车城网平台，实现"聪明的车、智能的路、智慧的城"协同发展。四是建设智能化城市安全监管平台。依据 CIM 平台，整合城市体检、市政基础设施建设与运营、房屋建筑施工和使用安全等信息资源，充分运用现代科技和信息化手段，强化城市安全智能化管理。五是加速智慧社区建设。建设智慧社区数据平台，运用 5G、物联网等新技术对社区设施、设备进行数字化、智能化改造，实现社区智能化管理。

（4）推动城市管理的精细化

一是推进城市综合管理服务平台建设。建立集"感知、分析、服务、指挥、监察"等于一体的城市综合管理服务平台，实现城市管理事项"一网统管"。从群众身边小事抓起，以"绣花功夫"加强城市精细化管理。二是深化城市管理体制改革。建立健全党委政府统筹协调、各部门协同合作、指挥顺畅、运行高效的城市管理体系。坚持依法治理，注重运用法治思维和法治方式解决城市治理突出问题。加强城市管理执法队伍建设，推进严格规范公正文明执法。三是加强特大城市治理中的风险防控。全面梳理城市治理风险清单，建立和完善城市安全运行管理机制，健全信息互通、资源共享、协调联动的风险防控工作体系，实现对风险的源头管控、过程监测、预报预警、应急处置和系统治理。加强城市应急和防灾减灾体系建设，综合治理城市公共卫生和环境，提升城市安全韧性，保障人民生命财产安全。

（5）美好环境与幸福生活共同缔造

认真践行"人民城市人民建，人民城市为人民"重要理念，深入开展"美好环境与幸福生活共同缔造"活动。一是搭建吸引群众广泛参与城市人居环境建设和整治的平台。区分城市社区、村改居社区等不同类型的社区，以城镇老旧小区改造、生活垃圾分类、完善社区便民服务设施、人居环境整治等工作为载体，采取符合各类社区特点的"共同缔造"实施方式，激发广大人民群众参与人居环境建设的积极性、主动性、创造性。二是发挥基层党组织核心作用，建立党领导的基层组织体系。下沉公共服务和社会管理资源，建立各类项目和活动的评价标准和评价机制，探索创新项目招投标、财政资金统筹使用、"以奖代补"等机制，激发群众参与热情。三是建设"完整居住社区"。完善社区基础设施和公共服务设施，创造宜居的社区空间环境，营造体现地方特色的社区文化，增强居民对社区的归属感和认同感。

（6）推动干部培训

一是加强对城市党政主要领导及相关部门干部的培训，引导树立正确的政绩观、价值观和美学观，在城市建设中充分认识和尊重城市发展规律，尊重历史文化传承。二是通过培训，增强城市党政主要领导及相关部门干部做好城市工作的使命感、责任感和紧迫感，提高科学编制城市规划的能力，提升城市管理服务的水平。三是编辑出版致力于绿色发展的城乡建设系列教材，在各级党校（行政学院）、干部学院、高等院校增加培训课程，提高各级党委政府领导干部做好城市工作的本领。

4.4 城市体检工作展望

4.4.1 城市体检工作面临的新形势、新任务

从城市发展看，当前我国常住人口城镇化率已经超过 60%，城市发展由大规模增量建设转为存量提质改造和增量结构调整并重，从"有没有"转向"好不好"，已进入城市更新的重要时期[1]。城市建设方面，城市整体性、系统性、生长性、宜居性和包容性不足，城市治理中的风险问题突出，城市人居环境质量不高，一些大城市"城市病"尚未得到有效治理，城市规划、建设、管理统筹不够。

在这样的重大战略机遇期，需要将城市作为"有机生命体"，查找和解决城市建设中的短板弱项，提高城市风险防范能力、决策科学化水平和资源投放的精准度，推动持续治理"城市病"问题，推动城市开发建设方式由外延粗放式向内涵集约式转变，实现更高质量、更有效率、更加公平、更可持续、更为安全的发展。

党的十九届五中全会深入分析国际国内形势，通过了《中共中央关于制定国民经济和社会发展第十四个五年规划和二〇三五年远景目标的建议》（以下简称《建议》）。《建议》指出，"十四五"时期经济社会发展必须："坚持以人民为中心，始终做到发展为了人民、发展依靠人民、发展成果由人民共享，维护人民根本利益，激发全体人民积极性、主动性、创造性，促进社会公平，增进民生福祉，不断实现人民对美好生活的向往。坚定不移贯彻新发展理念，把新发展理念贯穿发展全过程和各领域，构建新发展格局，切实转变发展方式，推动质量变革、效率变革、动力变革，实现更高质量、更有效率、更加公平、更可持续、更为安全的发展。坚持系统观念，加强前瞻性思考、全局性谋划、战略性布局、整体性推进，发挥中央、地方和各方

1 本书编写组：《〈中共中央关于制定国民经济和社会发展第十四个五年规划和二〇三五年远景目标的建议〉辅导读本》，人民出版社，2020，第 340 页。

1 《中共中央关于制定国民经济和社会发展第十四个五年规划和二〇三五年远景目标的建议》,《人民日报》2020年11月4日,第1版。

2 同上。

面积极性，着力固根基、扬优势、补短板、强弱项，注重防范化解重大风险挑战，实现发展质量、结构、规模、速度、效益、安全相统一"。[1]

《建议》提出了"十四五"时期我国经济社会发展的主要目标："一是社会文明程度得到新提高，公共文化服务体系和文化产业体系更加健全，人民精神文化生活日益丰富。二是生态文明建设实现新进步，国土空间开发保护格局得到优化，生产生活方式绿色转型成效显著，能源资源配置更加合理、利用效率大幅提高，主要污染物排放总量持续减少，生态环境持续改善，生态安全屏障更加牢固，城乡人居环境明显改善。三是民生福祉达到新水平，实现更加充分更高质量就业，居民收入增长和经济增长基本同步，分配结构明显改善，基本公共服务均等化水平明显提高，全民受教育程度不断提升，多层次社会保障体系更加健全，卫生健康体系更加完善。四是国家治理效能得到新提升，国家行政体系更加完善，政府作用更好发挥，行政效率和公信力显著提升，社会治理特别是基层治理水平明显提高，防范化解重大风险体制机制不断健全，突发公共事件应急能力显著增强，自然灾害防御水平明显提升。"[2]

《建议》在提升城市创新活力、保障人民基本生活服务、满足人民日益增长的文化需求、改善城市环境质量、提升城市韧性保障城市安全等方面均做了具体要求。特别是在推进以人为核心的新型城镇化方面，《建议》明确了"实施城市更新行动，推进城市生态修复、功能完善工程，统筹城市规划、建设、管理，合理确定城市规模、人口密度、空间结构，促进大中小城市和小城镇协调发展。强化历史文化保护、塑造城市风貌，加强城镇老旧小区改造和社区建设，增强城市防洪排涝能力，建设海绵城市、韧性城市。提高城市治理水平，加强特大城市治理中的风险防控"，"促进房地产市场平稳健康发展，有效增加保障性住房供给，扩大保障性租赁住房供给"，"强化基本公共服务保障"等重点方向，推动城市可持续发展（表4-2）。

《建议》中对城市建设、发展事业的相关指导和建议 表 4-2

条目	内容	关注方向
10. 完善科技创新体制机制	加大研发投入，健全政府投入为主、社会多渠道投入机制，加大对基础前沿研究支持	提升创新活力
13. 加快发展现代服务业	推动生活性服务业向高品质和多样化升级，加快发展健康、养老、育幼、文化、旅游、体育、家政、物业等服务业，加强公益性、基础性服务业供给	保障人民生活服务
15. 加快数字化发展	加强数字社会、数字政府建设，提升公共服务、社会治理等数字化智能化水平	提升城市治理水平，以新基建提升城市数字化治理能力
31. 推进以人为核心的新型城镇化	实施城市更新行动，推进城市生态修复、功能完善工程，统筹城市规划、建设、管理，合理确定城市规模、人口密度、空间结构，促进大中小城市和小城镇协调发展。强化历史文化保护、塑造城市风貌，加强城镇老旧小区改造和社区建设，增强城市防洪排涝能力，建设海绵城市、韧性城市。提高城市治理水平，加强特大城市治理中的风险防控。坚持房子是用来住的、不是用来炒的定位，促进房地产市场平稳健康发展。有效增加保障性住房供给，完善长租房政策，扩大保障性租赁住房供给，强化基本公共服务保障。优化行政区划设置，发挥中心城市和城市群带动作用，建设现代化都市圈。推进成渝地区双城经济圈建设。推进以县城为重要载体的城镇化建设	城市更新、城市韧性、城市空间协调、文化风貌、提升治理水平、住房保障、强化基本公共服务保障
33. 提升公共文化服务水平	推进城乡公共文化服务体系一体建设，创新实施文化惠民工程，广泛开展群众性文化活动，推动公共文化数字化建设。加强国家重大文化设施和文化项目建设，推进国家版本馆、国家文献储备库、智慧广电等工程。广泛开展全民健身运动，增强人民体质	满足人民日益增长的文化需求
35. 加快推动绿色低碳发展	支持绿色技术创新，推进清洁生产，发展环保产业，推进重点行业和重要领域绿色化改造。推动能源清洁低碳安全高效利用。发展绿色建筑。开展绿色生活创建活动，降低碳排放强度	改善城市环境质量，保障城市水安全，推动城市可持续发展
36. 持续改善环境质量	开展污染防治行动，建立地上地下、陆海统筹的生态环境治理制度。强化多污染物协同控制和区域协同治理，基本消除重污染天气。治理城乡生活环境，基本消除城市黑臭水体。完善环境保护、节能减排约束性指标管理	
38. 全面提高资源利用效率	实施国家节水行动，建立水资源刚性约束制度。推行垃圾分类和减量化、资源化。加快构建废旧物资循环利用体系	
43. 强化就业优先政策	健全就业公共服务体系、劳动关系协调机制、终身职业技能培训制度。完善促进创业带动就业、多渠道灵活就业的保障制度，支持和规范发展新就业形态，健全就业需求调查和失业监测预警机制	支持和保障就业

续表

条目	内容	关注方向
44. 建设高质量教育体系	坚持教育公益性原则，深化教育改革，促进教育公平，推动义务教育均衡发展和城乡一体化，完善普惠性学前教育和特殊教育、专门教育保障机制，鼓励高中阶段学校多样化发展	保障基础教育服务
46. 全面推进健康中国建设	把保障人民健康放在优先发展的战略位置，坚持预防为主的方针，深入实施健康中国行动，完善国民健康促进政策，织牢国家公共卫生防护网，为人民提供全方位全周期健康服务。建立稳定的公共卫生事业投入机制，加强人才队伍建设，改善疾控基础条件，完善公共卫生服务项目，强化基层公共卫生体系。完善突发公共卫生事件监测预警处置机制，健全医疗救治、科技支撑、物资保障体系，提高应对突发公共卫生事件能力	保障医疗服务，提升城市韧性
47. 实施积极应对人口老龄化国家战略	积极开发老龄人力资源，发展银发经济。推动养老事业和养老产业协同发展，健全基本养老服务体系，发展普惠型养老服务和互助性养老，支持家庭承担养老功能，培育养老新业态，构建居家社区机构相协调、医养康养相结合的养老服务体系，健全养老服务综合监管制度	建立健全老年人口服务与支持体系
48. 加强和创新社会治理	完善社会治理体系，健全党组织领导的自治、法治、德治相结合的城乡基层治理体系，完善基层民主协商制度，实现政府治理同社会调节、居民自治良性互动，建设人人有责、人人尽责、人人享有的社会治理共同体。加强和创新市域社会治理，推进市域社会治理现代化	提升城市治理水平

4.4.2 城市体检工作关注重点与方向

建设宜居城市、绿色城市、韧性城市、智慧城市、人文城市，不断提升城市人居环境质量、人民生活质量、城市竞争力，走一条中国特色城市发展道路。

（1）城市是贯彻落实新发展理念、推动高质量发展的重要载体和主要战场

结合《建议》及新时期我国城市发展面临的新机遇与挑战，"十四五"时期乃至今后较长一段时期，我国城市体检工作要解决城市

发展面临的新问题，构建城市系统、提升城市环境、保障城市服务，重点关注城市空间结构完善、城市风险防控与安全韧性提升、城市生态修复和功能完善、历史文化保护与城市风貌塑造、居住社区建设与老旧小区改造、新型城市基础设施建设、社会与生活服务保障、创新与文化活力提升等八大议题。

（2）着力推进城市建设、治理方式转变

其一，要坚持以人民为中心的发展思想，持续开展美好环境与幸福生活共同缔造活动，充分发挥居民群众主体作用，共建共治共享美好家园，不断增强人民群众获得感、幸福感、安全感。其二，要不断增强城市建设和发展的整体性、系统性，把城市作为"有机生命体"，强化全周期管理意识，统筹城市规划建设管理，不断增强城市的整体性、系统性、生长性，提高城市的承载力、宜居性、包容度。其三，要把生态和安全放在更加突出的位置，统筹发展和安全，把人民生命安全和身体健康作为城市发展的基础目标，加快补齐城市建设在防范重大传染病方面的短板，防范化解城市治理中的风险，使城市更健康、更安全、更宜居。

（3）着力实施城市更新行动

通过完善城市空间结构和格局，从以人为本的角度优化城市开发密度和强度，统筹规划建设管理；推进新型城市基础设施建设，以CIM平台为依托打造智慧城市；健全风险防控机制，提升城市安全韧性；加快实施城市生态修复和功能完善；强化历史文化名城保护，推动老旧小区改造和完整社区建设，塑造城市风貌。

（4）着力推动民生保障和社会发展

要保障教育、医疗等基本公共服务的供给，建立健全基本养老服务体系、就业公共服务体系，增强政府提供社会公益性服务的能力。此外，为满足多样化的需求，要推动生活性服务业向高品质和多样化升级。

1 《中共中央关于制定国民经济和社会发展第十四个五年规划和二〇三五年远景目标的建议》，《人民日报》2020年11月4日，第1版。

（5）着力提升创新与文化活力

创新活力方面，城市要加大研发投入，健全以政府投入为主、社会多渠道投入的研发投入机制，增加对基础前沿研究的支持。文化活力方面，要全面推动城乡公共文化服务体系一体建设，创新实施文化惠民工程，广泛开展群众性文化活动，推动公共文化数字化建设。提升国家重大文化设施和文化项目建设，广泛开展全民健身运动，增强人民体质。[1]

4.4.3 以城市体检推动城市治理体系与治理能力现代化

城市治理体系与治理能力现代化是新时期我国推动城市发展创新的重要举措。习近平总书记指出："要树立全周期管理意识，加快推动城市治理体系和治理能力现代化，要注重在科学化、精细化、智能化上下功夫，推动城市管理手段、管理模式、管理理念创新，让城市运转更聪明、更智慧。"城市体检制度体系的不断完善是推动我国城市治理体系和治理能力现代化的一个重要举措。

2021年是我国基本建立城市体检评估制度的元年，在关注城市建设、发展重点领域的同时，城市体检工作也应注重自身体系的完善，将体检工作融入城市治理的工作中，推动城市体检工作常态化、即时化、多元化发展。

（1）强化城市体检工作组织机制，推动多元化治理

城市多元化治理方面，党的十九届四中全会审议通过的《中共中央关于坚持和完善中国特色社会主义制度推进国家治理体系和治理能力现代化若干重大问题的决定》提出，"要坚持和完善共建共治共享的社会治理制度，完善党委领导、政府负责、民主协商、社会协同、公众参与、法治保障、科技支撑的社会治理体系，建设人人有责、人人

尽责、人人享有的社会治理共同体，加快推进市域社会治理现代化"。[1]
这是对社会治理规律认识的深化与拓展，为实现多元共治、构建共建
共治共享的城市治理格局，提升城市治理体系和治理能力现代化水平
提供了根本遵循。

1 《中共中央关于坚持和完
  善中国特色社会主义制
  度　推进国家治理体系和
  治理能力现代化若干重大
  问题的决定》，《人民日报》
  2019 年 11 月 6 日，第 1 版。

在新的历史条件下，城市治理已经不再局限于政府的正式结构，
它是一系列公共和私人行动者互动的结果，需要政府在认可和提高各
个治理主体地位的同时，根据其在各个领域的优势给予充分发挥功能
的空间，将城市治理的整体建立在分工合作的机制上。公共政策的制
定和执行依赖行动者的共同努力来完成，各个治理主体在互动中找到
沟通与合作的平台，实现资源组合的优化，最终达成社会善治。

为推动城市多元化治理，城市体检工作要构建一套多元主体参与
的机制，以政府为主导，其他各主体参与到城市体检的监督、评价、回
应工作中来，形成合作共治的体检管理机制。

（2）完善城市体检工作方式，推动全周期治理

对于城市治理而言，全周期管理是指城市治理中包含前期规划、
中期建设、后期维护等环节的全生命周期管理过程，并实现全民性、
全时段、全要素、全流程的城市治理。前期科学规划，做到常规治理
与非常规治理两手抓、两手都要硬。全周期管理要求城市在常规状态
下随时做好应对危机的准备。中期系统推进，提升法治化、多元化治
理能力。全周期管理要求坚持"以人民为中心"，有效整合各类资源，
实现城市治理的有序发展。后期精细治理，用"绣花功夫"抓好城市
治理。伴随着社会分工越来越细和专业化程度越来越高，城市全周期
管理要求实现精细化治理。探索符合城市特点和规律的治理道路，需
要把全周期管理意识贯彻到城市治理的各领域各方面各环节，实现全
流程管理、全过程联动、全要素整合。

城市体检工作应立足战略全局和城市发展的阶段性特征，深刻把
握城市多维复杂结构中组织要素运行的进展过程以及周期变化，面向

城市发展建设运行的全过程，完善"一年一体检、五年一评估"制度保障，明确"省—市—区"级多层传导的规范化城市体检工作制度，全面落实，形成动态化的体检评估机制，构建监测、评估、预警、反馈的工作机制，推动城市治理工作全场景、系统化运行。

（3）精准考核市民满意度，推动精细化治理

城市精细化治理方面，习近平总书记在中央城市工作会议中指出："做好城市工作，要顺应城市工作新形势、改革发展新要求、人民群众新期待，坚持以人民为中心的发展思想，坚持人民城市为人民。这是我们做好城市工作的出发点和落脚点。"政府要创新城市治理方式，特别是要注意加强城市精细化管理。要提高市民文明素质，尊重市民对城市发展决策的知情权、参与权、监督权，鼓励企业和市民通过各种方式参与城市建设、管理，真正实现城市共治共管、共建共享。

城市精细化管理的核心原则是以人民为中心，要为群众提供精细的城市管理和公共服务。为推动城市的精细化治理，城市体检工作应密切关注人民群众日益增长的物质文化需要，关注城市幸福指数、城市宜居指数、公众满意度等重要指标，推动城市构建面向实际人口的服务管理全覆盖体系，拓宽公众利益保障渠道，使人民群众获得更好的教育、更高水平的医疗卫生和养老服务、更丰富的文化体育服务、更可靠的社会保障。

检验城市精细化管理水平的最终尺度是人民群众的幸福感和满意度。加强公众参与力度与深度，建立常态化的公众参与机制。提高城市管理水平，要在科学化、精细化、智能化上下功夫。城市管理服务平台建设要适应"推动城市治理的重心和配套资源向街道社区下沉，聚焦基层党建、城市管理、社区治理和公共服务等主责主业，整合审批、服务、执法等方面力量，面向区域内群众开展服务"的需求，要对接街道、社区的管理服务。

（4）拓展体检信息平台应用，推动智慧化治理

城市智慧化治理方面，习近平总书记指出，推进国家治理体系和治理能力现代化，必须抓好城市治理体系和治理能力现代化。运用大数据、云计算、区块链、人工智能等前沿技术推动城市管理手段、管理模式、管理理念创新，从数字化到智能化再到智慧化，让城市更聪明一些、更智慧一些，是推动城市治理体系和治理能力现代化的必由之路，前景广阔。

新一代信息技术日新月异，为推动城市治理的创新发展提供了重要支撑，使实现城市治理的智慧化成为可能。城市体检工作要紧扣城市智慧化管理的要求，借助新一代信息技术的发展，以智慧城市建设为抓手，推进信息获取和管理的智慧化、数据分析的智慧化、体检结果评估反馈的智慧化，使城市体检工作真正成为城市智慧化治理中的一环，提升城市的治理能力。

进一步完善"数据集成+动态监测+风险预警+反馈优化"的全流程工作体系。整合各类统计数据、遥感数据、社会大数据，以城市体检指标为导向，充分利用城市已有时空信息云平台、CIM 基础平台、政府共享平台等信息化公共平台资源，融合云计算、大数据、物联网、人工智能、GIS 等信息技术，对指标进行交叉验证，面向城市体检工作全过程提供辅助支持，实现数字体检、量化体检、动态监测评估，做到"体检指标、问题发现、空间位置"相一致，提高城市治理信息化水平，推动智慧城市建设，推进城市高质量发展与人居环境建设。

05

案例

● 本章主要介绍了重庆、广州、武汉、成都、长沙和景德镇六个城市的案例，城市跨度从超大城市到中等城市，从东部沿海发达地区到中西部地区城市，覆盖面广，城市体检评估有代表性，成效好。选取这些案例，发现各城市在体检评估方面的共同点和亮点，为其他城市体检评估工作的开展建立样本体系。

5.1 重庆市：以城市体检推动城市更新工作

　　2020 年 6 月以来，重庆市以问题为导向，围绕生态宜居、健康舒适、安全韧性、交通便捷、风貌特色、整洁有序、多元包容、创新活力 8 个维度，积极探索以城市体检推动城市更新工作。按照"发挥优势、补齐短板、治理问题"的总体思路，建立了"从满意度调查、指标设计、指标计算分析，到把脉城市特征、短板与问题，提出措施建议，实施动态监测"的体检工作机制，形成了一些可供有关城市借鉴的做法和经验。重庆市城市体检工作亮点主要如下。

　　一是强化高位推动，基于城市提升领导小组建立城市体检工作领导机构。

　　由城市提升领导小组统一调度协调，市政府市长任组长，市政府分管副市长兼任领导小组办公室主任，统筹推进城市体检与城市提升相关工作。将城市体检相关工作纳入城市提升考核，加大督查督办力度。建立城市体检市级相关部门联席会议制度、联络员制度，高效推进城市体检工作。

　　二是做好区域统筹，探索建立市区两级联动的体检工作机制。

　　为协调中心城区与周边区县发展，2020 年重庆市在中心城区开展城市体检的同时，选定永川区开展区级城市体检试点，探索通过城市体检做好区域城市协同发展道路，同时探索在全市范围推广城市体检工作。

　　三是坚持民生导向，深入基层开展"社会满意度调查"，把准民生需求。

　　线上线下相结合开展社会满意度调查（图 5-1），借助区级、街道级动员会与培训会的方式，建立起"市级统筹、区级安排、街道分配、社区执行"的组织与执行机制，保证直达基层的信息反馈渠道畅通。

共完成居民问卷 10943 份，社区管理员问卷 3536 份，居民提案 1566 条，调查覆盖中心城区建成区所有社区。总体来看，重庆市民普遍对山水风貌、生态环境、社会治安、社会包容度、城市活力等方面较为满意，认为主要问题集中在通勤、停车、噪声等方面，并提出了改善建议。

图 5-1 重庆市居民满意度问卷及开放性建议入口（左），社区管理员问卷入口（右）
图片来源：重庆市住房和城乡建设委员会：《重庆市中心城区 2020 年城市自体检综合报告》，重庆，2020

四是突出重庆特色，构建"基本+特色+补充"的指标体系，以及配套的评价标准。

按照"贯彻中央要求，推动地方工作；落实发展目标，反映市民诉求；对标标杆城市，体现重庆特色"的原则，构建了"基本指标+特色指标+补充指标"指标体系，共 93 项指标。基于 50 项基础指标，结合"内陆开放""创新智能""山水城市"的重庆发展目标与特色，增加"亲水岸线"占比、人均"山城步道"长度、夜间活力指数、都市农旅休闲点人均数量、红色旅游景点游客增长率、重庆山水名城与历史文化地标建成数、跨江穿山截面通勤拥堵系数占比等 19 项特色指标。针对满意度调查反映的问题，进一步新增了菜市场/生鲜超市15分钟步行覆盖度、地质灾害隐患点数量、高层建筑火灾预警率、城市危险源安全防护达标率等23项补充指标，全方位拓展指标体系的分析维度。在创新指标体系的基础上，充分考虑城市特色及国内外城市先进做法，梳理相关国家、地方规范标准和技术导则，研究相关案例，设置指标参考值，建立了一套适应山地城市、反映重庆特色的指标评价标准体系。

五是加强技术把关，形成"一表、三单、一方案"体检成果。

"一表"为"城市体检综合诊断表"，综合统计客观评价与居民满意度调查主观评价；"三单"包括横向对比挖掘重庆优势的"城市发展优势清单"，对标目标与先进经验查找短板的"城市发展短板清单"，把脉城市运行状况的"城市病清单"；"一方案"为"城市治理项目建议方案"，基于优势、短板、"城市病"，结合部门工作，制定城市治理项目建议方案。

六是推动城市更新，强化城市体检结果在城市治理中的应用。

通过体检发现，重庆有1.02亿 m^2 老旧小区需要改造提升、52处工业遗存尚未得到有效活化利用、542.3万 m^2 商业办公用房处于空置状态，亟待通过城市更新重新激发老旧功能片区活力。由于缺乏城市更新领军企业和大型金融机构，已实施的更新项目普遍存在项目类型单一、产业导入同质化、项目零散未形成规模效应等问题。根本原因主要在于以下三方面：一是缺乏高位的城市更新工作统筹推动机制；二是存在系统谋划不够、顶层设计缺位的问题；三是缺乏制度创新，现行的城市规划管理政策体系主要服务于城市增量发展，更多强调刚性管控，政策设计缺乏弹性，无法适应城市更新激活存量资源的新需求，难以实现资本、土地等要素的高效优化再配置。针对体检查出的问题与短板，根据部门工作分工形成项目建议方案，明确城市治理重点方向与责任部门，初步提出48项城市治理项目建议。其中，"两江四岸"治理提升、老旧小区改造、"清水绿岸"、山城步道、城市市政设施品质提升、普惠性幼儿园建设等建议，与已开展的城市提升工作思路高度契合；此外，历史人文场所场景复兴、特色山水资源挂牌、城市陡坎生态景观修复等相关治理项目建议也将落实到城市提升"十四五"行动计划中，初步实现了"城市体检""城市更新"与城市治理的衔接。

七是提升治理水平，搭建部门协同、多元共享的城市体检信息平台。

建立"部门联动、公众参与"的城市体检综合治理平台，基于城市体检 8 个维度、93 项指标、100 多项源数据，结合完整社区、绿色社区、"清水绿岸"等相关专项规划，搭建联动相关部门、调动社区参与、支持向市民开放的数据采集与共享平台，探索建立具有"元数据—指标计算—指标分析—问题诊断—治理预案—集成展示"多功能的动态监测评估与治理提升平台，加快城市治理能力现代化。下一阶段，加快与 CIM 平台的深度融合，实现更多元数据信息的整合、监测与分析，加快推进智慧城市建设。[1]

1 《城市体检 人民检验 重庆：以城市体检推动城市更新》，《中国建设报》2021 年 4 月 22 日。

5.2 广州市：以城市体检推动形成全社会共建共治共享新格局

广州市以城市体检工作为契机，先行先试、不断创新，以"一美三高"[2]为导向，高标准高质量打造城市体检样板城市，探索出一条具有广州特色的城市体检新路径。按照"一年一体检、五年一评估"的工作要求，全面建立"以区为主、市区联动"的常态化工作机制，系统查找城市发展和城市规划建设管理存在的问题，加快缓解城市发展的体制机制问题，补齐基础设施、公共卫生、防灾减灾等城市突出短板，全面提升城市规划建设管理水平，创新公众参与方式，形成城市体检全社

2 美丽国土空间，高质量发展，高品质生活，高水平治理。

1　石晓冬、杨明、金忠民、黄慧明、罗江帆、罗小龙、张文忠、邓红蒂、杨浚、孙安军，《更有效的城市体检评估》，《城市规划》2020 年第 3 期。

会共建共治共享的良好氛围，增强人民群众的幸福感、获得感、安全感，为广州打造"老城市新活力""四个出新出彩"提供有力支撑。[1]

广州市城市体检工作亮点主要如下。

一是政府主导、部门协同、专家咨询，构建行政与技术相结合的工作组织方式。

行政组织方面，横向建立了"市城检办—专责小组—指标责任单位"三级组织架构。设立领导小组办公室（简称"市城检办"）统筹城市体检工作，下设 10 个专责小组，8 个市直单位和 11 个区政府按照责任分工协同推进。纵向建立了"市城检办—区城检办"二级组织架构，在 11 个市辖区设立了"区城检办"，同步推进市辖区城市体检工作，实现市区联动。

在技术服务方面，一方面由"市城检办"牵头组建城市体检专家工作组，邀请住房和城乡建设部城市体检专家委员会成员，为体检工作各阶段成果提供咨询指导和技术支持，对自体检报告进行论证把关。另一方面由市住房和城乡建设局牵头负责，委托技术团队组建城市体检技术服务工作组，负责总结城市体检工作经验，调查学习国内外先进城市在人居环境建设、城市高质量发展和城市体检评估等方面的经验做法，组织开展社会满意度调查，指导各单位开展城市体检工作，对各专责小组实行"一对一"服务，编制城市自体检报告，统筹做好城市体检各项技术服务。

二是因地制宜，分类分级，科学构建城市体检指标体系。

在城市层面，广州市围绕生态宜居、健康舒适、安全韧性、交通便捷、风貌特色、整洁有序、多元包容、创新活力八大方面，分类细化，因地制宜，构建"50+11"项市级城市体检指标体系。其中，7 项指标来源于 2019 年试点工作中与城市体检结论关联的指标，保证城市体检工作的延续性。按照"可获取、可计算、可分解、可追溯、可反馈"的原则，新增 4 项特色指标，反映广州市在建筑开发、消防救援、轨道交通建设等方面的进展。

在区级层面，进一步细分市级体检的 61 项指标，筛选出 40 项作为区级体检的基础指标，指标数据实现市区共享。各区结合资源禀赋和发展特色新增特色指标，按照"40+N"的指标体系开展区级城市体检工作。

三是标准先行、平台支撑，优化城市体检工作技术。

在标准制定方面，加强技术统筹，结合国内外相关案例，研究提出各指标评价标准，制定实施《广州市城市体检工作技术指南（2020版）》，深入研究各项指标的定义、数据来源、计算方法、评价标准等内容，详细规定市、区两级城市体检的工作组织、工作流程、指标分析、满意度调查、信息系统建设、成果报送与应用等内容，指导各区、各部门有序开展城市体检工作。

在平台建设方面，利用广州智慧时空信息云平台、"多规合一"管理平台、政府信息共享平台、CIM 基础平台等资源，着力打造集"数据采集、动态更新、分析评估、预警治理"功能于一体，全市统一收集、统一管理、统一报送的综合性城市体检服务平台，应用大数据等技术手段，进一步提高数据精度和体检工作质量。以各部门数据为基础，构建城市体检全市"一张图"，分层分级展示体检结果，与 CIM 平台、"穗智管"城市运行管理中枢实现数据共享、互联互通（图 5-2）。

四是数据精准，算法科学，提升城市体检工作质量。

数据采集方面，由技术服务工作组根据技术指南，按照可获取、可计算、可分解、可追溯、可反馈原则，分解指标，针对每一项指标制作分区、分部门、分年度的数据填报模板，明确填报要素形式、深度、定性和定量评价要求，推进数据采集的标准化、模块化、精准化。指标填报工作采用"线上为主，线下为辅"的模式，指标支撑数据收集全面下沉到街道、社区和小区，广泛收集各项指标近五年相关数据，建立指标空间数据、名录清单和管理台账，基本形成了广州市城市体检指标基础

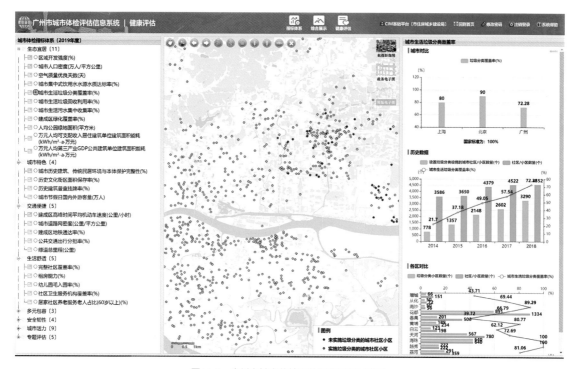

图 5-2　广州市城市体检评估信息系统示意图

图片来源：广州市住房和城乡建设局、广州市城市规划勘测设计研究院：《广州市 2020 年城市自体检报告》，广州，2020

数据库。以信息平台为基础，固化报送流程、填报模板和计算公式，实现全市 25 个市直部门在线联动报送数据和指标实时计算。

计算方法方面，多角度论证指标算法的科学性，从"纵、横"两方面组织数据填报和交叉校验，确保统计得当，算法科学，结论经得起检查、验证。

五是多维分析，综合诊断，为把准"城市病"及精准献策提供保障。

数据分析方面，在全面跟踪评估 2019 年"城市病"和城市问题治理成效的基础上，通过对比国内一线城市相关指标、联合国可持续发展等国际标准、国家或地方标准规范、城市定位及发展目标、近五年历史数据、社会满意度调查不同权重，从六个维度对比分析体检指标数据，合理划分城市问题类型、影响程度、影响范围和治理难度，确定城市问题名录。

在综合诊断方面，对城市问题和"城市病"进一步开展区域分析、结构分析和流程分析，找出城市问题和城市病的"病根""病灶"，通过进一步出台政策办法、修订标准规范、制定行动计划、策划建设项目等，推进综合治理，提升城市人居环境和居民的获得感、幸福感、安全感。

六是以人为本、多措并举，创新城市体检公众参与方式。

问卷调查方面，科学设计社会满意度调查问卷和调查方法。市级层面开展线上第三方满意度调查、线下城市问题专项治理成效调查（图5-3）。区级层面从宜居、宜业、宜游三个方面，面向党政、街道、社区、学校、产业园区、旅游景区等不同对象，开展满意度调查。同时，将调查问卷推送到政府官网，组织多家主流媒体、网络媒体广泛报道，邀请广大市民积极参与社会满意度调查，形成全市动员、全民参与的良好局面，进一步提高调查质量（图5-4）。

公众参与方面，创新城市体检公众参与方式，并探索建立"城市体检观察员"制度，由18周岁以上的广州常住居民自愿报名，根据所在的社区、年龄、职业等因素进行筛选认定，作为定期衡量常住居民满意度的无偏观察样本，让市民积极参与到城市体检后续治理、监

图5-3　广州市制定社会满意度调查问卷的原则

图片来源：广州市住房和城乡建设局、广州市城市规划勘测设计研究院：《广州市2020年城市自体检报告》，广州，2020

序号	二级指标指标	分数	序号	指标	分数	序号	指标	分数
1	公园绿地	83.4	17	社区邻里关系	79.4	33	空气污染	76.6
2	城市对国际人士的友好性	83.3	18	紧急避难场所	79.3	34	城市无障碍设施	76.3
3	城市对外来人口的友好性	81.9	19	人才引进政策	79.3	35	噪声污染	76.2
4	社会治安	81.6	20	历史建筑与传统民居的修复和利用	79.1	36	传统商贸批发市场秩序	76.2
5	城市标志性建筑	81.6	21	公共交通出行	79.0	37	小区垃圾分类水平	76.2
6	城市景观美感	81.1	22	城市开公司、办企业、做买卖的政策环境	79.0	38	建筑密度	76.0
7	公共开敞空间	81.0	23	步行环境	78.4	39	体育场地	75.8
8	城市对弱势群体的友好性	80.9	24	社区卫生服务中心	78.4	40	社区普惠性幼儿园	75.7
9	城市山水风貌保护	80.8	25	道路交通安全	78.0	41	社区道路、健身器材等设施维护	75.6
10	所在城市是否适合开公司、做生意	80.3	26	城市市容保洁水平	77.9	42	小区物业管理	75.4
11	大型购物中心	80.2	27	城市社会保险保障水平	77.6	43	社区养老设施	75.0
12	亲水空间	80.2	28	城市最低生活保障水平	77.3	44	骑行环境	74.9
13	历史街区保护	80.1	29	城市工作机会	77.3	45	老旧小区改造水平	74.4
14	日常便民购物设施	80.0	30	水体污染	77.2	46	上下班路上花费时间	73.8
15	城市文化特色塑造	79.8	31	公共厕所设置及卫生状况	76.7	47	道路通畅性	71.8
16	消防安全	79.5	32	综合医院	76.6	48	城市房租的可接受程度	70.8
						49	小汽车停车	66.9
						50	城市房价的可接受程度	66.4

图 5-4　广州市城市体检社会满意度调查方法与指标评分情况
图片来源：广州市住房和城乡建设局、广州市城市规划勘测设计研究院：《广州市 2020 年城市自体检报告》，广州，2020

图 5-5　广州市城市体检社会满意度调查中居民反映的主要问题与设施需求
图片来源：广州市住房和城乡建设局、广州市城市规划勘测设计研究院：《广州市 2020 年城市自体检报告》，广州，2020

督工作中（图 5-5）。

七是高位推进、市区联动，健全城市体检常态化工作机制。

机制建设方面，推动城市体检工作常态化，将"一年一体检、五年一评估"相关要求纳入政府工作报告和"十四五"规划纲要，作为城市中长期重点任务持续推动。建立健全"市区联动、以区为主"的常态化工作机制，各级各部门紧密配合、协同联动、群策群力，形成共同推进市、区两级城市体检工作强大合力，不断提高城市体检工作的深度、精度和广度。在实施中建立市（系统）、区（器官）、街（组织）、社（细胞）四级联动机制，实现横向、纵向全覆盖，全域体检，不留死角，保障城市体检工作深入到区、街（镇）、社区，切实找准"城市病"和城市问题的病灶、病根。[1]

八是压实责任、跟踪督办，保障城市体检治理措施落地。

落实部门责任方面，分级分类提出应对措施。由市城检办会同各行业主管部门根据城市问题诊断结果，分类提出应对措施。对于轻微程度的城市问题，由主管部门对该指标保持一定期限内的观察跟踪记录即可。对于中等程度的城市问题，由市城检办敦促该指标责任部门拟定行动计划并进行整改。对于严重的城市问题，经确定归入"城市病"名录之后，由市城检办会同各行业主管部门，围绕城市绿色发展和人居环境高质量发展的目标，提出治理"城市病"的有效措施，制定综合解决方案，各主管部门以专项工作方案、近期行动计划等方式落实治理要求。

督办治理方面，结合城市体检成果，以市政府为主体推进城市体检治理工作。通过市委常委会、市政府常务会议研究，将各项城市问题的治理工作落实到部门，按照补短板扩内需的原则，结合"六稳""六保"工作要求，坚持"一题一策"专项治理并将其纳入各部门当前和下一阶段重点工作计划，推动"边检边改、即检即改"。如开展交通安全专项行动，降低交通事故死亡率。对上一年度存在的"城市病"和城市问题开展"回头看"，结合"城市体检观察员"制度，定期追踪、督办治理措施落实情况，推动建立常态化机制。

5.3 武汉市：以城市体检推动健康城市建设

武汉市落实住房和城乡建设部部署，充分调动政府部门协同发力、市区街道上下联动，全面完成了 2020 年城市体检工作，进一步

1 广州市住房和城乡建设局、广州市城市规划勘测设计研究院：《广州市 2020 年城市自体检报告》，广州，2020。

迈向宜居、高效、高品质的健康之城。开展大容量、全面覆盖的满意度调查，旨在真实客观反映市民对城市发展建设的主观感受，践行"以人民为中心""老百姓说好才是真的好"的理念。通过广泛收集各项指标近五年相关数据，基本建立武汉市城市体检指标基础数据库，开展动态评估，体现全生命周期理念。通过城市体检，明确了全覆盖的治理建议，完成了《2020年武汉市城市自体检报告》和《2020年度武汉市城市体检社会满意度调查报告》，并启动编制三年行动计划。

武汉市城市体检工作亮点主要如下。

一是围绕八个方面给城市"体检治病"，取得万份满意度调研样本。

2020年，武汉市被纳入全国36个城市体检样本城市。市委市政府高度重视，组成城市体检工作领导小组，统筹调度城市体检工作，按照住房和城乡建设部的总体工作要求，突出"防疫情补短板扩内需"主题，推动建设没有"城市病"的城市，武汉市以2019年为数据基准年，针对江岸、江汉等7个中心城区和东湖风景区实施全范围城市体检，坚持目标导向、问题导向和操作导向，结合社会满意度调查，对生态宜居、健康舒适、安全韧性、交通便捷、风貌特色、整洁有序、多元包容、创新活力等8大专项，结合武汉城市抗击新冠疫情的成功经验，反映滨水文化名城特色、城市公共卫生安全保障、居民绿色出行便利性、城市内涝防控能力，新增了河湖水面率、万人传染病床位数、城市轨道交通800m覆盖率、中心城区抽排能力等4个特色指标（图5-6）。

综合分析"50+4"项指标，形成全市年度自体检报告，同时实现市、区、街道、社区四级联动，找出城市规划建设管理的弱项和短板。市区及各部门协同发力、高效联动，共同取得了10 000份满意度调研样本并完成了"50+4"项指标的填报工作，实现了调研样本中心城区社区全覆盖及保障指标填报的精准性要求。将市民意见纳入大数

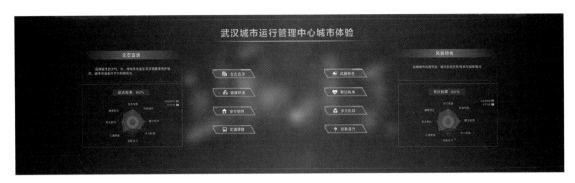

图 5-6　武汉市城市体检评估信息平台导航页面
图片来源：武汉市城乡建设局：《2020 年武汉市城市自体检报告》，武汉、2020

据管理，精准定位市民认为最迫切的问题，有针对性地制订相对应的城区更新改造计划。

二是多层对比，检出五个方面的城市问题短板。

经过满意度调研及多层对比，体检找出了 5 个方面的城市短板。

生态环境质量有待优化。武汉市 2019 年空气质量优良天数低于全国 338 个地级及以上城市平均优良天数比例，居民对武汉市空气质量满意度较低。武汉公园绿地服务半径覆盖率与北京、深圳相比，还存在一定差距。

社区现代化建设相对滞后。武汉市老旧小区改造从 2019 年起步，共改造老旧小区 98 个，距 2021 年底改造 521 个小区的目标还有较大差距。实施专业化物业管理的住宅小区占比偏低，难以满足社区居民对公共服务的需求。

城市韧性有待提高。2019 年武汉市日均产生的医疗废物总量超过集中处置医疗废物设施的处理能力，尤其是 2020 年在应对新冠疫情的过程中，医疗废物数量大幅增加，医疗废物转运、处置单位持续高负荷运转，医疗废物处理能力亟待提高。

道路交通设施建设存在短板。武汉主城区道路网密度与南京、上海、广州相比还有一定差距。此外，根据社会满意度调查，"小汽车停车"是所有 50 个指标中得分最低的，停车难是居民最关注也是迫切需要解决的问题。

房价收入比偏高。2015—2019 年武汉市房价上涨趋势明显，房价收入比总体也呈上涨趋势，2019 年房价收入比高于长沙、成都、重庆等城市，这与居民对房价的可接受程度较低相互印证。

三是推动"健康城市"建设，形成武汉特色"监测—诊断—治疗"闭环。

武汉市针对城市问题，组织城市规划设计及高校方面的专家开出"药方"，针对五个方面进行城市治理。

重塑健康标准，促进健康城市发展。强调生态建设，锚固"十字"型山水生态轴，即保护长江、汉江及东西山系；保护六大绿楔，建设高品质郊野公园；营造宜居环境，提升社区绿道覆盖度，为居民提供绿色游憩空间。

改善人居环境，推进宜居城市建设。提升老旧社区环境品质和配套设施服务水平，打造保障生活服务便利的 15 分钟生活圈，全面提升社区治理水平，由点及面建设老年友好型社会。实施《武汉市老旧小区改造三年行动计划（2019—2021 年）》，提升居民的生活品质。

加强公共卫生和韧性设施建设，强化城市安全保障。织牢织密公共卫生防护网，开展公共卫生安全应用场景特征分析和疫情追踪，加快推进大型公共建筑应对公共卫生事件的"平战结合"改造和新建工作，提升城市医疗废物的处置能力。

推动绿色交通建设，提升"轨道＋慢行""行人友好"的交通系统功能。严格落实"窄马路、密路网"的城市道路布局理念，重视独立慢行道路布局；制定合理的停车发展政策，加强停车设施供给体系，提出"内高外低"的停车收费标准体系。

建立政府提供基本保障、市场满足多层次需求的住房供应体系。进一步完善租赁型保障为主、产权式保障为辅的全市全覆盖住房保障体系，逐步提升保障性住房供应覆盖率，积极推进各类人才公寓、青年城、青年苑等安居工程建设。[1]

1 《城市体检 人民检验 武汉：建设特色健康之城》，《中国建设报》2021年4月28日。

四是"平战结合"补全医疗设施短板，讲好武汉疫后重振故事。

为支撑疫后重振，武汉市迅速启动四所"平战结合"综合医院选址建设工作（图 5-7）。遵循"三镇均衡、平战结合、防护安全、交通便捷"的思路，确定了医院"1000+1000"和"800+500"两类"常备+拓展"的床位规模标准，以及配套的"建设＋预控"的空间布局方案。同时，武汉总结了在疫情中积累的重要经验，提出综合医院选址方案及建设配套标准，既保障应急救治能力，又兼顾日常诊疗服务，系统优化了城市医疗卫生设施服务的空间布局。[2]

2 韩玮、张璐、刘元海、李加宝：《武汉设计日开幕聚焦"疫情重振 老城新生"》，《长江日报》2020年11月1日。

图 5-7　武汉火神山医院

图片来源：武汉市城乡建设局：《2020年武汉市城市自体检报告》，武汉，2020

5.4 成都市：以城市体检推动工作组织机制建设

成都市作为全国城市体检第一批样本城市，坚持贯彻落实习近平总书记关于建立城市体检评估机制的重要指示精神，将体检工作与成都市发展核心工作、重点工作深度融合，充分运用城市体检结果"补短板、堵漏洞、强弱项"，充分践行新发展理念，推动公园城市示范区建设。将城市体检视为落实关于推动人居环境高质量发展要求和满足人民群众美好生活需要的重要举措，把城市体检作为建设美丽宜居公园城市和提升城市治理能力的长期策略，进行制度化推进。

成都市城市体检工作亮点主要如下。

一是建立体检工作机制，创新"双同步"工作模式。

2020 年 4 月，成都市政府办公厅印发《关于成立成都市城市体检工作领导小组的通知》，成立以市长为组长的城市体检工作领导小组，以 29 个市级部门、15 个区政府（管委会）为成员单位，15 个区分别成立了以区长为组长的区级城市体检工作领导小组，为全面与高效开展城市体检工作保驾护航。

城市体检工作领导小组办公室设在市住房和城乡建设局，统筹推进城市体检和问题整治。研究制定《成都市城市体检工作领导小组议事规则》，按照"每月一调度，每季一通报"的原则，每半月召开工作推进例会，及时协调解决体检工作中出现的困难和问题。将城市体检工作纳入目标考核内容，以简报等形式每月通报城市体检动态和问题整治进展情况，加强督查督办力度。

采取"市级—区级"同步开展体检、"体检—整治"同步运行的"双同步"工作模式。按照"市级统筹、属地落实、市区联动、共同推进"

的原则，成都市 2020 年度城市体检工作范围由市级层面扩大至市区两级同步开展，在一城一体检基础上开展一区一体检。各区政府（管委会）为各区城市体检责任主体，细化各单位职责分工，落实牵头单位及责任人，明确联络员，建立联络机制。根据自身发展建设情况，结合各区实际，有针对性地选取部分指标，以"必选指标＋自选指标＋特色指标"的模式，建立各区个性化体检指标体系，构建客观科学高效的评价方式，确保可操作可落地，数据采集精准可靠，精准化查找问题，差异化解决问题，特色化提档升级，为本辖区精准治理提供科学依据。[1]

二是强化结果应用，形成城市治理的常态工具与长效机制。

成都市牢固树立"人民城市人民建，人民城市为人民"的理念，坚持用城市体检促进城市问题解决，推动实现城市可持续发展。

建立"城市病"及城市问题综合治理的长效机制。成都市根据 2019 年城市自体检、社会满意度调查和住房和城乡建设部反馈的第三方体检情况查找到的主要问题，结合网络理政大数据综合分析了发现的共性问题，以解决城市突出问题为导向，聚焦高质量发展、高品质生活、高效能治理，以公园城市理念为引领，针对性提出具体的行动措施，编制了《成都市城市体检 2019 年问题整治行动方案》，逐项落实了整治目标、工作要求和责任主体，形成了空气质量、水环境质量、垃圾分类、噪声防治、公园绿地、历史文化、交通能力、公共服务圈等 8 大方面 67 项具体任务，开展城市体检问题整治行动。至 2020 年底，已完成 52 项，15 项长期推进。2020 年，成都市围绕生态宜居、健康舒适、安全韧性、交通便捷、风貌特色、整洁有序、多元包容 7 个方面形成 30 项城市治理主要任务、92 项可检验成果，建立了"7-30-92"的问题整治体系。

城市体检助力政府科学决策。将城市体检工作纳入政府年度工作报告，作为实施"幸福美好生活十大工程"、确定民生实事项目、制定城建工作计划、开展城市更新的重要依据。聚焦城市体检在人民群众"生活的小巷子、出行的车轮子、居住的新房子"等方面发现的问

1《城市体检 人民检验 成都："双同步"体检助推高质量发展》，《中国建设报》2021 年 4 月 28 日。

题，在"十四五"期间，成都市委、市政府提出实施"幸福美好生活十大工程"，包括建设高品质公共服务设施、提升城市通勤效率、提升城市更新和老旧小区改造等。将城市体检工作写入了"十四五"规划，用城市体检工作支撑"十四五"规划，促进城市高质量发展。

三是增加特色指标，打造公园城市示范区"体检项目"。

2020 年，综合参照国际通用标准、行业标准规范、部委省市政策文件等，按照因地制宜的原则，成都市构建了市区两级指标体系，开展全链条、全系统、全生命周期、全流程的深度体检。市级指标以 50 项基础指标为基础，涵盖"人、城、境、业"四个方面，结合美丽宜居公园城市和国际门户枢纽城市建设，设置了人均生态绿地面积、每万人拥有城市绿道长度、街道一体化建设占比、轨道交通出行占公交出行的比例等 13 项特色指标，基于"50 项基础指标 +13 项特色指标"的指标体系，总结成都在公园城市建设取得的成效，以及城市发展中存在的弱项和短板。区级以市级指标为基础，结合各辖区的中心工作和重点工作，构建"10 项必检指标 +20 项自选指标 +N 项特色指标"的指标体系。同时结合防疫工作，开展疫情防控基础工作"大体检"，筑牢疫情防控的数据基础。[1]

四是科学开展治理，建立城市体检评估信息平台。

为实现对城市发展的动态监测，及时、准确、全面地反映城市的运行特征，成都充分采用超算、人工智能、遥感等高新技术，围绕体检的 8 个方面 63 项指标、社会满意度调查结果搭建城市体检评估信息平台。结合新型城市基础设施建设，成都逐步探索囊括数据采集、指标计算、指标分析、问题诊断、整治预案、集成展示等功能的城市体检信息化平台，并与城市、建筑信息模型（Building Information Modeling，简称 BIM）等技术模型进行充分融合，深度挖掘"城市体检 + 场景"的实践应用。[2]

1 《城市体检　人民检验成都：城市体检助力美丽宜居公园城市建设》，《中国建设报》2021 年 2 月 26 日。

2 成都市城市体检工作领导小组办公室：《关于成都市 2020 年城市体检工作情况的报告》，成都，2020。

5.5 长沙市：以城市体检推动全生命周期更新探索

长沙市城市人居环境局以城市体检为契机，通过"查症状""找病因""开处方""管长效"，建立闭环式城市体检工作流程，以城市体检为基础，以城市更新行动为路径，以老旧小区改造为突破口，以"微改造"为手法，以点带线、以线带面，充分整合资源、探索创新，全面统筹推进城市更新，实现了城市功能再完善、产业布局再优化、人居环境再提升，为建设"四精五有"的大美长沙，引领示范全国、全省美丽宜居城市创建提供了技术支持和方法探索。[1]

长沙市城市体检工作亮点主要如下。

一是创新了城市治理的理念与方法，开展全链条、全系统、全生命周期、全流程的深度体检。

锁定"城市病"表现突出的老城区地域范围，在全面落实住房和城乡建设部关于城市体检工作安排的基础上，集中力量，选取城镇化率较高的 2 个区和 4 个街道试点，突破传统的"自上而下"工作模式，充分结合"自上而下"与"自下而上"，贯穿城市规划、建设、管理各环节进行全流程深度体检，探索"1+2+4"市、区、街道三级协同模式。启动市级、区级建成区范围内重点更新单元（片区）城市体检。根据各区实际情况，以地域位置相近，老旧小区、危旧房、棚户区、旧厂房、旧市场、旧楼宇社区相对集中的原则划定重点更新单元，开展城市体检工作，并支撑"微改造"项目实施立项。

在方法层面，将城市视为"有机生命体"，将城市与治理的关系生动形象地视同于生命体与治疗的关系。逐步探索并形成"六步工作法"（图 5-8）开展城市体检、夯实顶层设计、制定项目计划、推动

1 长沙市城市人居环境局：《开展城市体检评估建设美丽宜居长沙》，《城乡建设》2020 年第 3 期。

图 5-8　长沙城市人居环境六步工作法

图片来源：长沙市城市人居环境局：《2019 年度长沙市城市自体检报告》，长沙，2019

项目实施、评估治理效果、发布宜居指数。以治理"城市病"为导向，探索构建市、区、街道三级城市体检指标体系模型（图 5-9）。依据"可对标、可测度、可感知、可落实"的准则，在城市层面，构建"48+12"的指标体系，深入查找"城市病"及病因，为修复城市机体、推动城市高质量和健康有序发展奠定基础。此外，综合评价各区县健康发展情况，针对 8 项评估主题分别甄选出各区县需要优化提升的指标，进而为城市合理配置资源和差异化施策提供依据。以"可获得"为原则，从宏观、中观、微观三个维度纵深推进，全方位、多途径采集城市综合指标数据，构建"分析—调取—核验—建库"数据采集流程。采集的数据主要包括空间矢量数据、城市建设项目数据、房租房价数据、社会感知数据以及 2015—2019 年度的人口数据、社会经济发展数据、生态环境数据、交通运行数据等。以主客观评价为途径，得出相对符合城市发展实际情况的结论。一方面基于体检数据计量出各个指标要素评估实际值。继而通过与相关法律法规、技术导则对比，纵向与历年数据对比，横向与同类型城市对比，从不同维度、不同视角增加指标结论的丰富度和客观性。并通过层次分析法对每项指标进行赋值，计算其具体分值，得到客观评价结果。另一方面通过对满意

图 5-9　长沙市城市体检模型

图片来源：长沙市城市人居环境局；《2019 年度长沙市城市自体检报告》，长沙，2019

程度进行赋值，结合各项指标不同满意程度的占比，得到主观评价结果。最终综合分析 8 个评估维度的主客观分值，得出城市健康发展指数，整体把握城市发展的优势和短板，总结城市发展优良清单和"城市病"清单，并提出治理建议。

二是完善体检评价标准体系，补齐政策和制度短板。

通过梳理政策法规，出台行业标准，充分借鉴先进城市的做法，并结合城市体检参考指标和长沙实际情况，探索制定科学合理的体检评价标准体系。通过对接全市"十四五"发展规划和国土空间总体规划，纵深推进宏观、中观、微观层面城市体检，将体检评价体系分为市、区、街道三级，市级层面的宜居指数通过纵向年际比较，区、街两级的指标评价可开展横向与纵向比较，通过对比分析体检指标结果，明确"城市病"病因。

根据城市体检成果，长沙市加快构建城市更新制度体系。启动编制《城市更新专项规划》《城市更新技术导则》《城市更新工作指南》，出台《关于全面推进城市更新工作的实施意见》，统筹推进土地、财税、金融等配套支持政策；落实"完整居住社区"工作要求，印发《长沙市城镇老旧小区综合改造提升实施技术导则》，加快出台《关于全面推进长沙市城镇老旧小区改造工作的实施意见》；完善科学合理的宜居评价标准体系，出台《长沙市居住公共服务设施配套规定》和《关于规范住宅开发项目公共服务设施配套的意见》；加强历史文化名城保护，推进《长沙市历史文化名城保护条例》修订，完善历史文化名城保护规划体系。

三是强化成果应用，树立"无体检不项目，无体检不更新"工作理念，重点推进城市更新项目。

在建成区范围内，形成了从开展城市体检到城市更新的工作思路，牢固树立"无体检不项目，无体检不更新"工作理念。城市体检后，以项目实施为落脚点，对症下药治疗"城市病"。针对较严重的"大病"，通过全市优化城市人居环境工作联席会议进行研究和协调，联合市发改、规划、住房和城乡建设等部门对重大项目动"大手术"协同解决；若是轻度的"小病"，则由市城市人居环境局组织牵头实施"微改造"项目，通过"微创手术"解决。

按照全面改造、综合整治、功能改善、历史文化保护四大类推进重点片区城市更新。一是高位统筹。长沙市成立了省委常委、市委书记为顾问，市长为组长，常务副市长等市级领导为副组长的长沙市城市更新工作领导小组。二是明确分工。按照属地原则，明确辖区人民政府为城市更新的工作主体，每个重点更新片区由 1 名市级领导挂点、1 个区人民政府、1 家市或区属国企共同负责重点更新片区整体提质发展，形成多方联动的工作局面。三是组建智库。建立人居环境创新研究院，邀请城市规划建设管理等相关权威专家加入，充分发挥智库优势。积极推动城市体检平台省市共建，为城市更新提供科技支撑。

四是构建长效机制，进行动态监测，建立宜居指数评价制度。

率先成立了城市人居环境局，主要职能之一即承担城市体检工作。长沙市委书记亲自部署体检工作，政府领导多次调度协调，明确由市政府牵头，城市人居环境局具体负责，各部门密切配合，齐抓共管，全市上下形成"一盘棋"的工作格局。同时长沙市还建立了全市优化城市人居环境工作联席会议制度，由常务副市长、分管副市长分别担任主召集人、副召集人，市政府办公厅、市发改、财政、自然资源规划局等市直相关部门为成员单位，将城市体检作为重要内容定期调度、统筹推进，逐步建立"数据共享、成果共用、共商共议、齐心协力"的协调机制。在城市体检成果的基础上，长沙市优化城市人居环境工作联席会议办公室、市城市人居环境局联合起草了《长沙市优化城市人居环境三年行动计划（2020—2022 年）》，以市政府名义下发实施，计划通过实施 7 大工程、37 项具体工作，涉及生态宜居、城市特色、交通便捷、生活舒适、多元包容、安全韧性、城市活力等方面，优化长沙城市人居环境（图 5-10）。[1]

建立"一年一体检、两年一评估"常态化工作机制。梳理体检指标中生态宜居、安全韧性等 8 大板块内容，筛选出关键性指标进行跟踪，形成评估报告。以评估报告为基础发布《长沙市城市人居环境白

1 《城市体检　人民检验——周飞："长沙模式"缔造美好人居环境》，《中国建设报》2020 年 11 月 12 日。

129

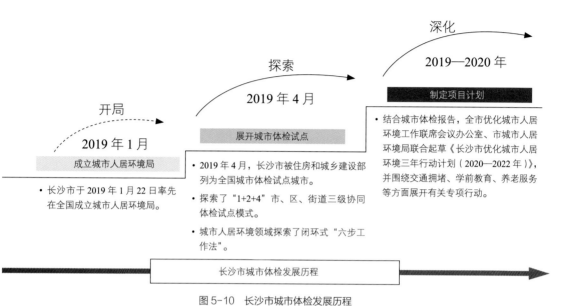

图 5-10　长沙市城市体检发展历程

图片来源：长沙市城市人居环境局：《2019 年度长沙市城市自体检报告》，长沙，2019

皮书》。建立宜居指数评价制度，对城市人居环境的治理效果进行跟踪问效，分区评定宜居情况，引导人口合理流动，切实提高人民群众对"美好人居"的体验感。

形成闭环式，全流程构建治理体系。通过构建"体检、评价、诊断、治理、复查、监测、预警"的闭环式城市体检工作流程，着力构建常态化体检评价机制、日常化的监测预警机制，实现城市人居环境长效治理，促进城市高质量发展。

以大数据为支撑，探索从静态指标到动态监管的路径。坚持"以人民为中心"，系统构建"智慧人居"信息平台，分期建立城市体检系统，无缝对接长沙市地理空间系统，结合手机信令和遥感数据，围绕人居环境领域核心指标，建立大数据模型，定期跟踪测度指标健康状况，同时，结合"微改造"项目，建立城市体检应用场景，通过城市体检问题诊断，逐步实现全市优化人居环境项目实时监控、动态评估。通过城市体检，以存量盘活为重点，分层分类建立"片区—单元一项目"三级项目库，指导城市更新工作。依托长沙市超级大脑，探索从静态体检到动态监测的"城市病"评价机制，实现诊断、治疗、复查、监测、预警闭环式流程，建立从规划、建设到管理全周期的城市人居环境治理体系。[1]

1 长沙市城市人居环境局：《2019年度长沙市城市自体检报告》，长沙，2020。

5.6 景德镇市：以城市体检推动精细化治理水平提高

作为住房和城乡建设部"城市双修"试点城市与连续两年城市体检评估试点、样本城市，2019年以来，按照住房和城乡建设部城市体检工作指导意见要求，景德镇市城市体检工作面向"生态宜居、健康舒适、安全韧性、交通便捷、风貌特色、整洁有序、多元包容、创新活力的城市"，聚焦"基础数据精确采集、科学分析精细比对、精准谋划提升品质"，走出了一条富有景德镇特色的城市体检新路径（图5-11）。

图5-11 景德镇城市风貌

景德镇市城市体检工作亮点主要如下。

一是精确采集：基准框架为骨，选取个性指标"量身打造"。

城市体检指标数据坚持多源开放、全面采集的原则，从"全面、真实、科学、特色"着手，以政府官方数据为基础，综合采集多源大数据与社会满意度问卷数据。坚持基础指标规范化处理，通过 8 类 50 项城市体检基础指标，以及反映景德镇战略定位要求的 12 个城市特色指标，全方位评价人居环境，并与国际创意城市对标，对构建"国际瓷都"展开全面评价，指导制定各项相关政策与年度行动计划。坚持数据采集精准化，严格数据分析校核关口。以紧急避难场所数据为例，初期数据为 6 万 m^2，经多轮校核后，最终数据为有据可查的 69 万 m^2，以及 100 多万 m^2 可供改造的潜力空间。坚持面向未来信息化，引入物联网、互联网等新兴技术，形成数字化底板，推进建设联动审批、数字城管等支撑系统，构建城市高品质建设数字化平台（图 5-12）。坚持指导实践样板化，以城区示范指导带动县市区城市体检，利用中心城区体检积累的经验，对下辖县级市乐平市的城市体检做好全面指导。

图 5-12　景德镇城市体检平台

图片来源：中规院（北京）规划设计公司：《景德镇市 2020 年城市自体检报告（送审稿）》，景德镇，2020

二是精细分析：指标评估"把关定向"，科学制定体检评估技术支撑体系。

构建景德镇城市体检评估技术支撑体系，形成了支撑评估、监测、预警的动态跟踪机制。结合景德镇自身特点，从"高点定位——相关规划目标""严格标准——国家行业标准""科学研判——优秀示范标准""立足本土——历年数据对比""以人为本——社会满意度调查"五个维度构建彰显景德镇特色的体检指标评估体系。五个维度中，以"国家行业标准""历年数据对比"为约束值，以"相关规划目标""优秀示范标准"为目标值，结合"人居环境满意度"结果，综合评估景德镇市城市体检指标并判断行动优先级，指导下一步人居环境改善措施。在指标评判标准体系中，重点加强与中国人居环境奖、国家生态园林城市等城市人居环境领域奖项评比标准的衔接。指标评估结果显示，景德镇在生态宜居、风貌特色两个方面优势突出，完美诠释了城市发展的"厚德、美景、镇生活"目标宜居状态（图5-13）。[1]

三是精准谋划：品质提升"印证反哺"，构建体检结果与重点行动项目库的联动机制。

2019年以来，经过两年的城市体检，景德镇市紧密围绕城市体检

1 《城市体检 人民检验景德镇：体检数据助力打造新瓷都》，《中国建设报》2021年4月28日。

□ 指标示例：城市水环境质量优于五类比例（%）

		体验值	约束值	目标值	指标评级	行动优先级	行业标准（约束值）	规划目标（目标值）	示范标准（目标值）	2018年数据（约束值）	社会满意度调查得分
6	城市水环境质量优于五类比例（%）	100.00%	93.50%	100.00%	A级	/	/	《"十三五"生态环境保护规划》	到2020年，好于劣V类水体比例不小于95%	中国人居环境奖参考指标	达标率100%，建成区内无黑臭水体；集中式饮用水水源地的一级保护区达到《地表水环境质量标准》GB3838-2002	93.50%	89.7分评分较高

✓ 规划目标：根据《"十三五"生态环境保护规划》，到2020年，好于劣V类水体比例不小于95%，景德镇体检值达标。
✓ 示范标准：根据《中国人居环境奖参考指标》达标率100%，建成区内无黑臭水体，景德镇体检值达标。
✓ 历年数据：2018年数值为93.5%，指标逐年向好，达标。
✓ 社会满意度调查得分：89.7分，社会满意度分数较高，达标。
✓ 综合研判：建议为A级指标（领先指标）。

图5-13 体检指标评价示例

图片来源：中规院（北京）规划设计公司：《景德镇市2020年城市自体检报告（送审稿）》，景德镇，2020

1 中规院（北京）规划设计公司：《景德镇市 2020 年城市自体检报告（送审稿）》，景德镇，2020。

结果，坚持以指标评估结果作为指导城市建设的蓝本依据，推动城市功能优化与城市品质提升工作。2020 年，更加聚焦社会民生。围绕市民关心的焦点民生问题，谋划建设了 248 个公共设施配套项目；打造了 30 多个 15 分钟步行便民服务圈和绿色休闲圈；新建、扩建、改建城市道路 50 条，打通了 18 条断头路；提升了基础设施硬件条件，加快老旧供水管网更新改造，提高管道天然气覆盖率，建设垃圾焚烧发电处理设施；地下综合管廊建设基本完成，该项目投资 30 亿元、总里程 30 多千米。更加聚焦特色发展。建设全国唯一老厂区老厂房更新改造利用试点，为全国各地有效盘活老厂区老厂房资源提供景德镇经验；精选有保护价值的老瓷厂，分批打造特色型陶瓷文化旅游项目；其中仅陶溪川一项就集聚了 1.5 万名创客，孵化了 2356 家创业实体，直接带动了 6 万多就业人口；而由城中村更新而成的三宝瓷谷，更因生态优美，大量互联网公司接踵落户。更加聚焦城市功能。完善路网布局，优化城市各等级道路网络级配体系。2020 年，全市交通通行速度达到 25～28km/h，在打造"畅通城市"方面有所进展。更加聚焦政府决策。把"城市功能与品质提升、老厂区老厂房更新改造利用、城市体检试点成果运用"等任务纳入全市"十四五"规划，全力打造"宜居宜业、精致精美"的人民满意城市。[1]

主要参考文献

［1］ 中央城市工作会议在北京召开［J］. 城市规划，2016，40（1）：5.

［2］ 中共中央国务院. 国家新型城镇化规划（2014—2020年）［R］. 2014.

［3］ 王蒙徽. 实施城市更新行动［J］. 城市勘测，2021（1）：5-7.

［4］ 中共中央关于坚持和完善中国特色社会主义制度 推进国家治理 体系和治理能力现代化若干重大问题的决定［R］. 2019.

［5］ 彭张林，张爱萍，王素凤，等. 综合评价指标体系的设计原则与 构建流程［J］. 科研管理. 2017，38（S1）：211.

［6］ 习近平. 国家中长期经济社会发展战略若干重大问题[J]. 求是， 2020（21）：4-10.

［7］ 住建部召开视频会议推进新型城市基础设施建设［N］. 建筑时 报，2021-01-28（001）.

［8］ 张娟. 住房和城乡建设部与江西省政府合作建立城市体检评估机 制［J］. 城乡建设，2021（7）：5.

［9］ 温宗勇. 北京"城市体检"的实践与探索［J］. 北京规划建设， 2016（2）：70-73.

［10］SCHWAB K. 2019年全球竞争力报告［R］. 世界经济论坛， 2019.

［11］Doing business: comparing business regulation in 190 economies［R/ OL］. World Bank Group, 2019. https://openknowledge.worldbank. org/bitstream/handle/10986/32436/9781464814402.pdf.

［12］张文忠，何炬，谌丽. 面向高质量发展的中国城市体检方法体系 探讨［J］. 地理科学，2021，41（1）：1-12.

［13］湛东升，张文忠，余建辉，等. 问卷调查方法在中国人文地理学 研究的应用［J］. 地理学报，2016，71（6）：899-913.

［14］谌丽，党云晓，张文忠，等. 城市文化氛围满意度及影响因素 ［J］. 地理科学进展，2017，36（9）：1119-1127.

［15］王娟，孟斌，张景秋，等. 感知技术在文化遗产研究中的应用与展望［J］. 地理科学进展，2017，36（9）：1092-1098.

［16］YANG Y. A tale of two cities: physical form and neighborhood satisfaction in metropolitan Portland and Charlotte［J］. Journal of the American Planning Association，2008，74（3）：307-323.

［17］CAO X，WANG D. Environmental correlates of residential satisfaction: an exploration of mismatched neighborhood characteristics in the twin cities［J］. Urban & regional planning，2016，150：26-35.

［18］刘义，刘于琪，刘晔，等. 邻里环境对流动人口主观幸福感的影响：基于广州的实证［J］. 地理科学进展，2018，37（7）：986-998.

［19］BROWN B B，WERNER C M. Before and after a new light rail stop: resident attitudes, travel behavior, and obesity［J］. Journal of the American Planning Association，2009，75（1）：5-12.

［20］党云晓，余建辉，张文忠，等. 环渤海地区城市居住环境满意度评价及影响因素分析［J］. 地理科学进展，2016，35（2）：184-194.

［21］石晓冬，杨明，金忠民，等. 更有效的城市体检评估［J］. 城市规划，2020，44（3）：65-73.

［22］韩玮，张璐，刘元海，等. 武汉设计日开幕聚焦"疫情重振 老城新生"［N］. 长江日报，2020-11-01.

［23］住房和城乡建设部. 江西省开展城市体检工作情况调研报告［R］. 2021.

［24］中共中央关于制定国民经济和社会发展第十四个五年规划和二〇三五年远景目标的建议［N］. 人民日报，2020-11-04（001）.

［25］城市体检 人民检验 赣州：启动城市体检 推动城市更新［N］. 中国建设报，2021-05-12.

［26］中规院（北京）规划设计公司. 赣州市2020年城市自体检报告（送审稿）［R］. 赣州，2020.

［27］城市体检 人民检验 重庆：以城市体检推动城市更新［N］.

中国建设报，2021-04-22.

［28］重庆市住房和城乡建设委员会. 重庆市中心城区 2020 年城市自体检综合报告［R］. 重庆，2020.

［29］城市体检　人民检验　武汉：全力打造武汉特色的健康之城［N］. 中国建设报，2021-04-16.

［30］城市体检　人民检验　西安、武汉、成都各自精彩［N］. 规划中国，2021-04-21.

［31］城市体检　人民检验　成都：以城市体检为城市高质量发展"问诊把脉"［N］. 中国建设报，2021-04-21.

［32］成都市城市体检工作领导小组办公室. 关于成都市 2020 年城市体检工作情况的报告［R］. 成都，2020.

［33］广州市住房和城乡建设局，广州市城市规划勘测设计研究院. 广州市 2020 年城市自体检报告［R］. 广州，2020.

［34］广州市住房和城乡建设局. 广州市 2020 年城市体检工作总结［Z］. 2020.

［35］城市体检　人民检验　广州：全力打造样板城市　推动形成共建共治共享新格局［N］. 中国建设报，2021-05-10.

［36］城市体检　人民检验　周飞："长沙模式"缔造美好人居环境［N］. 中国建设报，2020-11-12.

［37］长沙市城市人居环境局. 长沙市城市自体检报告（2018年度）（送审稿）［R］. 长沙，2019.

［38］长沙市城市人居环境局. 2019 年度长沙市城市自体检报告［R］. 长沙，2020.

［39］城市体检　人民检验　景德镇：多措并举　擦亮瓷都［N］. 中国建设报，2021-04-08.

［40］城市体检　人民检验　景德镇：体检数据助力打造新瓷都［N］. 中国建设报，2021-04-28.

［41］中规院（北京）规划设计公司. 景德镇市 2019 年城市自体检报告（送审稿）［R］. 景德镇，2019.

［42］中规院（北京）规划设计公司. 景德镇市 2020 年城市自体检报告（送审稿）［R］. 景德镇，2020.

后记

　　本书编写小组由中国城市规划协会、清华大学中国城市研究院、中国科学院地理科学与资源研究所、中国城市规划设计研究院等机构组成。

　　主要撰写人是：唐凯、林澎、张文忠、翟健、王伊倜、王晓东、徐辉、吴永兴、谌丽、耿艳妍。唐凯等对全文及插图进行了统稿。住房和城乡建设部建筑节能与科技司牵头，城市管理监督局协助编写工作。在编委会的指导下，编写组开展了多轮讨论，几易其稿，在此一并对全体参与本书编写工作的同仁表示感谢。

　　全书引用的案例参考了学术专著、论文，相关公共机构互联网信息和广州、重庆、武汉、成都、长沙、景德镇等城市政府有关部门提供的城市体检材料。未注明图片出处的，均来源于图虫网（http://stock.tuchong.com）。

唐凯

2021 年 5 月